T0223076

C/C++ für Studium und Beruf

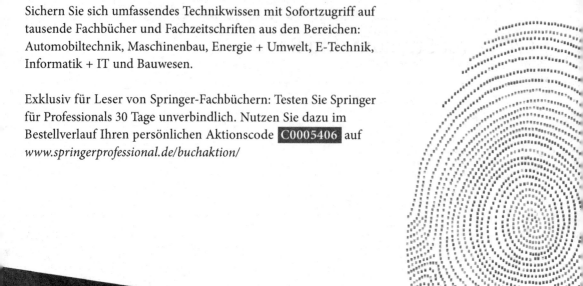

Gerd Küveler · Dietrich Schwoch

C/C++ für Studium und Beruf

Eine Einführung mit vielen Beispielen, Aufgaben und Lösungen

 Springer Vieweg

Gerd Küveler
Hochschule RheinMain
Rüsselsheim, Deutschland

Dietrich Schwoch
Hochschule RheinMain
Rüsselsheim, Deutschland

ISBN 978-3-658-18580-0   ISBN 978-3-658-18581-7   (eBook)
DOI 10.1007/978-3-658-18581-7

Die Deutsche Nationalbibliothek verzeichnet diese Publikation in der Deutschen Nationalbibliografie; detaillierte bibliografische Daten sind im Internet über http://dnb.d-nb.de abrufbar.

Springer Vieweg
© Springer Fachmedien Wiesbaden GmbH 2017

Gedruckt auf säurefreiem und chlorfrei gebleichtem Papier

Springer Vieweg ist Teil von Springer Nature
Die eingetragene Gesellschaft ist Springer Fachmedien Wiesbaden GmbH
Die Anschrift der Gesellschaft ist: Abraham-Lincoln-Str. 46, 65189 Wiesbaden, Germany

Vorwort

C/C++ für Studium und Beruf führt in die Hochsprachen-Programmierung ein. Nicht zufällig wurde als Sprache C/C++ gewählt, weil sie sich im Laufe der Jahre zur bedeutendsten Universalsprache mit breitestem Anwendungsspektrum entwickelt hat. Das gilt nicht nur für die Systemprogrammierung, sondern gerade auch für technische und wissenschaftliche Anwendungen, wo sich FORTRAN lange und hartnäckig gehalten hat.

Das hier vorliegende Buch entspricht inhaltlich einer zweisemestrigen Einführung in die Programmierung. Der Stundenumfang wird dabei mit insgesamt vier Semesterwochenstunden Vorlesung und ebenso vielen Übungen angenommen. Es ist auch als Begleitbuch zu einem entsprechenden Kompaktkurs oder zum Selbststudium geeignet. Eigentlich kann es von jedem benutzt werden, der Wert auf eine systematische Vorgehensweise legt.

Voraussetzung zum Erfolg ist außer Motivation der Zugang zu einem PC mit C++-Compiler. Den kann man sich kostenlos aus dem Internet herunterladen. Im Anhang C gehen wir auf dieses Thema ein. Den sollten Sie unbedingt lesen, falls Sie noch keine Erfahrung mit einem Compiler haben. Wir haben als Entwicklungsumgebung für die Beispiele in diesem Buch das *Visual Studio Express* von Microsoft mit der Variante „Leeres CLR-Projekt" benutzt.

Diese Programmier-Einführung ist zwar systematisch, aber dennoch praxisnah angelegt, d. h. Sie erhalten stets die Gelegenheit, das Gelernte nachzuvollziehen. Aus diesem Grund ergänzen diverse Übungsaufgaben die einzelnen Kapitel.

Die Sprache C/C++ ist nicht nur Selbstzweck, sondern eröffnet einen fundierten Zugang zu anderen Spezialsprachen, besonders im technisch-wissenschaftlichen Bereich, wie etwa die grafische Spezialsprache LabVIEW. Auch Java, nicht nur für Web-Anwendungen interessant, basiert auf C++. Aber selbst zu Tools wie Excel, MATLAB und Simulink oder Mathematica findet man als geübter Programmierer leichteren Zugang. Die Hauptschwierigkeit beim Programmieren bereitet nämlich nicht etwa die Sprache, sondern die Lösungsidee für das betreffende Projekt. Bei der Entwicklung der benötigten Algorithmen ist man auf die eigene Klugheit und Kreativität angewiesen, und natürlich auf Erfahrung. Die sammelt man zunächst, indem man möglichst viele Übungsaufgaben löst.

Die Quelltexte der im Buch abgedruckten Programme sowie die Lösungen zu den Übungsaufgaben finden Sie im Internet unter

http://www.utd.hs-rm.de/C-Cpp-Studium-Beruf.

Sie haben dort auch die Möglichkeit, uns eine E-Mail zu schicken. Über Hinweise auf Fehler, Anregungen und Kritiken würden wir uns freuen.

Unser Dank gilt allen, die einen Beitrag zu diesem Buches geleistet haben. Viele Anregungen und Hinweise stammen von Studenten und Kollegen, denen wir hiermit ebenfalls danken.

Glashütten, im Juli 2017   Gerd Küveler
Dieburg, im Juli 2017   Dietrich Schwoch

Inhaltsverzeichnis

Programmieren in C/C++

Mit diesem Buch beabsichtigen wir, in die Grundlagen der Programmierung einführen. Aufgrund ihrer zunehmenden praktischen Bedeutung wählen wir dazu die Sprache C bzw. C++. Als Entwicklungsumgebung stellen wir uns einen PC unter Windows vor. Allerdings ist C hervorragend portabel, d. h. Programme lassen sich ohne großen Änderungsaufwand auf andere Betriebssysteme oder andere Rechner, z. B. UNIX- oder Linux-Workstations oder -Notebooks, übertragen, sofern man sich an den Standard hält und auf compilerspezifische Funktionen verzichtet.

Es ist nicht beabsichtigt, die Möglichkeiten von C/C++ erschöpfend darzustellen. Vielmehr möchten wir am Beispiel von C/C++ die sich in verschiedenen Sprachen oft ähnelnden Konzepte einer höheren Programmiersprache vorstellen. C++ stellt eine Spracherweiterung von C dar. Während C v. a. system- und hardwarenahe Probleme unterstützt, strebt C++ eine bessere Unterstützung der Anwendungsprogrammierung an, v. a. durch Objektorientierung. Die Ideen der objektorientierten Programmierung können hier nur in ihren Grundzügen dargestellt werden. Ignoriert man weitgehend die objektorientierten Elemente, so ist C++ eine prozedurale Sprache, die den C-Standard nutzbringend erweitert. Das Programm läuft später im Rechner so ab, wie es programmiert wurde. Die Reihenfolge der Befehle bestimmt exakt die Reihenfolge der Abarbeitung. Diese prozessorientierte (strukturierte) Vorgehensweise bestimmt nach wie vor die Lösung der meisten technischen und wissenschaftlichen Softwareprobleme. Die so entwickelten Programme sind konkurrenzlos schnell. Soweit sich die Aussagen der folgenden Kapitel nicht nur auf C sondern auch auf C++ beziehen, sprechen wir von C/C++.

Für technische Anwendungen, also Aufgaben aus dem Bereich der Automatisierung und Messdatenerfassung, ist C/C++ Standard, auch wenn immer häufiger graphische Entwicklungstools, z. B. LabVIEW, eingesetzt werden. Der sichere Umgang mit solchen Tools setzt jedoch ebenfalls fundierte „klassische" Programmierkenntnisse voraus, denn auch in Tools findet man die Grundstrukturen der klassischen Programmierung wieder. Sequenzen, Verzweigungen und Schleifen bleiben die Grundlagen jeglicher Programmierung. Und auch die Lösungsidee, die Entwicklung eines Algorithmus, nimmt einem leider kein Tool ab. Natürlich ist das Erlernen einer Programmiersprache für den Anfänger keine ganz leichte Aufgabe. In der Praxis stellt jedoch die Entwicklung einer Lösungsidee, wie schon im Vorwort angedeutet, für das jeweilige Problem die weitaus größere Schwierigkeit dar.

Das Einmaleins der Programmierung lernt man am besten anhand einer prozeduralen Sprache, zumal sie zusätzlich ein „sicheres Gefühl" für die Arbeitsweise eines Rechners vermittelt. Und wenn sie darüber hinaus auch noch die Objektorientierung unterstützt und eine so große praktische Bedeutung wie C++ aufweist, dann umso besser.

Die zahlreichen Beispiele dieses Textes sollten mit jedem C/C++-Compiler auf jedem Rechner, sofern er über die entsprechende Peripherie (Tastatur, Bildschirm, Festplatte) verfügt, unter jedem Betriebssystem funktionieren. Für alle gängigen Computer und

Betriebssysteme gibt es Compiler, die man kostenlos aus dem Internet herunterladen kann. Die auf PC unter Windows am häufigsten eingesetzte komplette Entwicklungsumgebung ist *Microsoft Visual Studio* in den Varianten 2010, 2013, 2015 und 2017. Sie können in den *Express*- und *Community*-Versionen kostenlos herunter geladen werden. Mehr zum Thema Compiler finden Sie im Anhang C.

1 Über C und C++

Die Entwicklung der Programmiersprache C ist eng mit der des Betriebssystems UNIX verknüpft. Nachdem die erste UNIX-Version noch in Assembler erstellt worden war (1969), entwickelte Ken Thomson 1970 die Sprache B zur Implementierung eines UNIX-Systems für eine PDP-7-Maschine. Aus der mit zu vielen Schwächen behafteten Sprache B entwickelte Dennis Ritchie 1972 C. Seit 1973 ist das Betriebssystem UNIX fast vollständig in C geschrieben. Zunächst gab es keinen offiziellen Sprachstandard. Stattdessen erreichte die Sprachdarstellung in einem Lehrbuch – deutsch: Kernighan, Ritchie; Programmieren in C. Hanser Verlag 1983 – den Status eines Quasi-Standards (Kernighan-Ritchie-Standard). Kleinere Erweiterungen und Verbesserungen führten zum ANSII-Standard. Die Sprache C++ wurde Anfangs der 80er Jahre von Bjarne Stroustrup an den Bell Laboratories entwickelt. Es handelt sich dabei um einen Zusatz für C.

> C ist in C++ vollständig enthalten.
> (Fast) alles was in C funktioniert, funktioniert auch in C++

C ist eine Sprache der 3. Generation (strukturierte Sprache) und ist die wichtigste höhere Programmiersprache im Ingenieurbereich. Die wesentlichen Merkmale der Sprache sind:

- breites Anwendungsspektrum
- knappe Befehle (short is beautiful)
- sehr klares Sprachkonzept.

Was oben als Vorteil erscheint, erweist sich als Nachteil bezüglich der Erlernbarkeit als „Erstsprache". Die „knappen Befehle" könnte man etwas böswillig auch als kryptisch bezeichnen und das „klare Sprachkonzept" verlangt vom Programmierer Grundkenntnisse über Aufbau und Arbeitsweise von Computern, deutlich mehr als Pascal und FORTRAN. Allerdings steigen diese Grundkenntnisse bei der jungen Generation von Jahrgang zu Jahrgang. Fast jeder (Interessierte) kann mit einem PC bzw. Notebook umgehen. Viele haben bereits gelernt, kleinere Probleme in Basic oder Python zu lösen. Und so kann man es heute wagen, ernsthaft mit C zu starten. Die Mühe lohnt sich! Es klingt paradox aber es ist wahr: Obwohl C++ der 5. Sprachgeneration (objektorientiert) angehört und mächtiger als C ist, gelingt der Einstieg mit C++ leichter als mit C „pur". Der Grund: C++ bietet einige Erleichterungen, v. a. bei der Datenein- und Ausgabe, auch lassen sich die gefürchteten Pointer in der Anfangsphase umgehen.

Im letzten, großen Kapitel (9) dieses Teils erhalten Sie eine Einführung in die objektorientierte Programmierung (OOP).

2 Grundlagen

Eine Programmiersprache ist im Wesentlichen durch zwei Themenbereiche gekennzeichnet:

- Datenstrukturen
- Programm-Ablaufstrukturen

Mit „Datenstrukturen" werden die verschiedenen Organisationsmöglichkeiten von Daten beschrieben. Der Programmierer muss sich sehr gut überlegen, welche Datenstrukturen am ehesten dem Problem angemessen sind. So kann es in dem einen Fall günstig sein, skalare Einzelwerte zu verarbeiten, während in einem anderen Fall die Zusammenfassung von Daten zu Feldern (z. B. Vektoren, Matrizen), Verbunden (z. B. Adressen von Studenten) oder ganzen Dateien (z. B. ein eine komplette Serie von Messwerten) erheblich sinnvoller ist.

„Ablaufstrukturen" kennzeichnen die Möglichkeiten, vom linearen Ablauf des Programms abzuweichen und Schleifen oder Verzweigungen durchzuführen. Der Programmierer muss anhand der von der Sprache unterstützten Ablaufstrukturen entscheiden, welche zur Lösung der jeweiligen Aufgabe optimal geeignet ist. Bei größeren Programmen sollte man evtl. Planungshilfen wie Programm-Ablaufpläne oder Struktogramme benutzen.

2.1 Einführende Beispiele

Das klassische Programm, mit dem jeder C/C++-Lehrgang beginnt, sieht etwa so aus:

```cpp
// BSP_2_1_1 (Dies ist eine Kommentarzeile)
#include <iostream>
#include <cstdio> // fuer getchar()
using namespace std;
int main(void)
{
  cout << "Hallo world" << endl;
  getchar(); // cstdio mit #include einbinden
}
```

Wenn Sie es mit einem Editor in eine Datei, etwa „hallo.cpp" eingeben und von Ihrem C++-Compiler übersetzen lassen, gibt es bei der Ausführung den entsprechenden Satz, gefolgt von einem Zeilenvorschub (*endl*) auf den Bildschirm aus. **getchar() bewirkt, dass sich die Bildschirmkonsole, die sich für die Ausgabe geöffnet hat, erst nach einem Tastendruck wieder schließt. Ob diese Maßnahme in Ihrer Arbeitsumgebung (Betriebssystem, Compiler) notwendig ist, probieren Sie am besten selbst aus. Für zukünftige Beispiele verzichten wir auf die *getchar()*-Anweisung.** Auf unserer Buch-Webseite ist sie jedoch immer enthalten.

#include-Anweisungen binden Compiler-Dateien (*Header-Dateien*) ein, die für das Programm notwendige Definitionen enthalten. Beginnt ihr Name mit c (wie oben *cstdio*), so

handelt es sich um eine „alte" Header-Datei, die es bereits zu C-Zeiten (vor Einführung von C++) gab.

Das folgende Programm vermittelt einen tieferen Eindruck von der Sprache C++:

```
// BSP_2_1_2 (Programmname, wie aud unserer Buch-Webseite)
/* Programm zur Berechnung von 1. Kugelvolumen
   und 2. Kugeloberflaeche bei Eingabe des Radius */
#include <iostream>
#include <cmath>
using namespace std;
int main(void)
{
   float radius, volumen, oberflaeche;
   cout << "Radius >"; // Eingabeaufforderung (Prompt)
   cin >> radius; // Tastatureingabe
   while(radius != 0) // while-Schleife von { bis }
   {   // Kugelberechnung
      Volumen = 4.0 / 3.0 * M_PI * radius * radius * radius;
      Oberflaeche = 4.0 * M_PI * radius * radius;
      cout << "eingegebener Radius = " << radius
           << endl; // Bildschirmausgabe
      cout << "Volumen = " << volumen << " Oberflaeche = "
           << oberflaeche << endl;
      cout << endl << "Radius >";
      cin >> radius;
   }   // Ende der Kugelberechnung
   cout << "Es wurde 0 für Radius eingegeben" << endl;
   return 0;
}
```

Das Programm berechnet Volumen V und Oberfläche O einer Kugel bei eingegebenem Radius R gemäß den bekannten Beziehungen:

$$V = \frac{4}{3}\pi R^3 \text{ und } O = \pi R^2.$$

Das Programm ist als **while**-Schleife aufgebaut, so dass die Berechnungen für mehrere nacheinander eingegebene Radien ausgeführt werden können. Wird „0" für den Radius eingegeben, endet das Programm. Die fettgedruckten Wörten sind Schlüsselwörter von C.

Vermutlich hätten Sie auch ohne diese Beschreibung mit etwas Mühe das Programm direkt aus seinem Code heraus analysieren können. Das ist typisch für höhere Sprachen, wenn auch in C++ etwas schwieriger als in anderen Sprachen, weil die Befehle manchmal „kryptisch" anmuten. Einige Details erscheinen zunächst rätselhaft, etwa das *endl* (es steht für Zeilenvorschub) in der *cout*-Anweisung. Mehrzeilige (/* ... */) oder einzeilige (//) Kommentare werden vom Programmübersetzer, dem Compiler, ignoriert.

Die äußere Form eines Programms ist dabei für sein Lese-Verständnis von großer Bedeutung. Wir werden daher

- die vom Compiler vorgeschriebenen Regeln – und –
- selbst auferlegte Verabredungen über die äußere Form

des Programmaufbaus im Kap. 2.3.2 genauer vorstellen.

2.2 Anweisungen, Wertzuweisungen und Datentypen

Ein Programm besteht aus den einzelnen Anweisungen, die durch ein Trennzeichen (Semikolon „ ; ") voneinander separiert sind. Anweisungen sind z. B. Wertzuweisungen an Variablen, Ein-/Ausgabe-Anweisungen oder Funktionsaufrufe.

■ **Beispiele für Anweisungen**

```
summe = summand1 + summand2;      /* Wertzuweisung */
cout << "Berechnung von y";       /* Ausgabe-Anweisung */
cin >> x;                         /* Eingabe-Anweisung */
ausgabe(alpha, beta);             /* Funktionsaufruf */          ■
```

Eine der häufigsten Anweisungen sind Zuweisungen von Ausdrücken an Variablen:

Wertzuweisung

Zuweisungsrichtung: ←

                    variable = ausdruck;

Zuweisungsoperator: „=" (nicht zu verwechseln mit dem Gleichheitsoperator „==")

Ausdrücke können Konstanten, Variablen oder zusammengesetzte Größen, z. B. komplexe mathematische Formeln sein.

■ **Beispiele für Wertzuweisungen:**

```
a = 5;
y = 3 * x - 127.15;
volumen = breite * laenge * hoehe;
wurzel  = sqrt(alpha); // sqrt(): Wurzelfunktion
anzahl  = anzahl + 1;
```

Die Größen

a, y, x, breite, laenge, hoehe, volumen, wurzel, alpha, anzahl

sind Variablen, dagegen die Zahlen

5   3   127.15   1

(unveränderliche) Konstanten, auch Literale genannt.   ■

Variablen sind Namen für Speicherplätze. Diese müssen vor dem ersten Aufruf vorher reserviert, d. h. vereinbart worden sein. Speicherplätze für Variable können je nach Typ der Variablen unterschiedlich groß sein. Der Rechner wertet beim Zugriff auf diese Speicherplätze die vorgefundene Information unterschiedlich aus, je nachdem, ob in der Variablen z. B. ein Text, eine vorzeichenlose Ganzzahl oder eine reelle Zahl geführt wird.

■ **Beispiele**

Variablenname:	Speicherinhalt:	Datentyp:
`anzahl`	`-7`	Ganzzahl, Typ **int**

`spannung`	`2.341`
	
	`(Dezimalpunkt statt -komma!)`
		reelle Zahl, Typ **float**

`ch`	`z`	Zeichen Typ **char**

■

Die Speicherplätze sind mit verschiedenen Datentypen belegt. Wir sagen, die Variablen anzahl, spannung und ch besitzen einen unterschiedlichen Datentyp. So kann z. B. eine Variable vom Datentyp **float** nur reelle Werte speichern, eine Variable vom Datentyp **char** speichert Zeichen, usw. Je nach Datentyp sind auch unterschiedliche Verknüpfungsoperatoren definiert.

Das Konzept der Datentypen ist für die Programmierung von zentraler Bedeutung.

Regeln für Datentypen

– Jede in einem Programm vorkommende Variable oder Konstante besitzt einen bestimmten Datentyp.

– Der Datentyp legt fest, welche Operationen mit einem Element dieses Typs erlaubt sind.

– Jede Variable muss vor ihrem ersten Aufruf auf den Datentyp festgelegt, d. h. vereinbart werden.

– Eine Variable kann im Laufe eines Programms nicht ihren Datentyp ändern.

– Eine Konstante kann im Laufe eines Programms weder ihren Datentyp noch ihren Wert ändern.

Einer der häufigsten Programmierfehler liegt in der Nicht-Beachtung von Datentyp-Regeln (Typverletzungen)!

Für den Anfänger ist besonders die Unterscheidung der verschiedenen Zahlen-Datentypen ungewohnt, die beim praktischen Rechnen ohne Computer in der Regel keine Rolle spielt.

■ **Beispiel**

```
.....
float a;
int b, c;
.....
a = 2.7;
b = 3;
c = a / b;   ←   die Variable c hat den Wert 0, weil bei der Zuweisung der
                 Nachkommateil entfällt!                               ■
```

Programmiersprachen unterscheiden grundsätzlich zwischen dem Ganzzahlentyp (in C/C++ „**int**") und dem mit Dezimalpunkt geschriebenen reellen Zahlentyp (in C/C++ „**float**"). Die beiden Werte

$$5 \quad \text{und} \quad 5.0$$

sind also streng zu unterscheiden und im Allgemeinen nicht austauschbar!

2.3 Der Aufbau eines C++-Programms

Bevor wir die in C++ verfügbaren Datentypen näher untersuchen, soll der generelle Aufbau von Programmen vorgestellt werden.

2.3.1 Die Bausteine der Sprache

Jede Programmiersprache besteht aus

- reservierten Wörtern (Schlüsselwörter)
- reservierten Symbolen
- benutzerdefinierten Bezeichnern.

Reservierte Wörter (Schlüsselwörter, in unseren Programmen durch Fettdruck gekennzeichnet) sind die „Vokabeln" der Sprache mit fest vorgegebener Bedeutung. Diese Wörter dürfen nicht vom Programmierer für andere Zwecke, z. B. als Variablennamen eingesetzt werden. Zum Glück beschränkt sich das „Vokabellernen" auf nur wenige Wörter:

Schlüsselwörter in C			
asm *	double	long	typedef
auto	else	register	union
break	enum	return	unsigned
case	extern	short	void
char	float	signed	volatile
const	for	sizeof	while
continue	goto	static	
default	if	struct	
do	int	switch	

* nicht bei allen Compilern

Zusätzliche Schlüsselwörter in C++		
asm	friend	static_cast
bool	inline	template
const_cast	mutable	this
catch	namespace	throw
class	new	true
delete	operator	try
dynamic_cast	private	typeid
explicit	protected	typename
export	public	using
false	reinterpret_cast	virtual

Außerdem existieren diverse compilerabhängige Schlüsselwörter.

Die Bedeutung der meisten Wörter werden wir in den folgenden Abschnitten kennenlernen. Etwa die Hälfte davon spielt in der Praxis nur eine geringe Rolle.

Reservierte Symbole dienen dazu, die meisten Operatoren der Programmiersprache zu definieren. Hierzu werden die Sonderzeichen

+ – * / = ; , < > & | ( ) [ ] # % \ ~ ^ ? ! :

verwendet. Da C/C++ extrem viele Operatoren kennt, erfahren einige Symbole Doppel- oder gar Mehrfachverwendungen.

Benutzerdefinierte Bezeichner wählt der Programmierer z. B. für Variablen-, Konstanten-, Funktions- und Prozedurnamen. Um Missverständnisse zu vermeiden, müssen Regeln bei selbstgewählten Bezeichnern eingehalten werden:

Regeln für benutzerdefinierte Bezeichner (Namensregeln)

– Jeder Bezeichner muss mit einem Buchstaben beginnen.

– Anschließend eine beliebige Folge von alphanumerischen Zeichen.

– „_" (Unterstrich) ist wie ein Buchstabe einsetzbar.

– Umlaute und „ß" sind nicht erlaubt.

– Die Länge ist beliebig, jedoch unterscheiden viele Compiler nur die ersten 31 Zeichen (ältere C-Compiler für Mikroprozessoren und –controller oft nur 6 bis 8).

– Reservierte Wörter (Schlüsselwörter) sind verboten.

– C/C++ unterscheidet Groß- und Kleinbuchstaben!

– Man vermeide Namen von vordefinierten Standard-Bezeichnern (das sind meist Namen von Standardfunktionen wie sqrt, sin, cos, ...). Konsultieren Sie im Zweifelsfall die Online-Hilfe Ihres Compilers.

> **C/C++-Konvention (nicht zwingend)**
>
> Üblicherweise schreibt man Variablen- und Funktionsnamen in Kleinbuchstaben, symbolische Konstanten dagegen in Großbuchstaben.

■ **Beispiele**

zulässige Bezeichner:

```
alpha
zweite_aufgabe
ss94
autor
_5eck
```
(sollte nur in Zusammenhang mit Klassen benutzt werden)

nicht-zulässige Bezeichner:

```
5eck
```
(1. Zeichen kein Buchstabe)

```
übung6
```
(„ü" nicht zulässig)

```
ws94/95
```
(„/" nicht alphanumerisch,   Divisionsoperator!)

```
auto
```
(reserviertes Wort)

```
zweite-aufgabe
```
(„-" nicht alphanumerisch,   Subtraktionsoperator!)

```
zweite aufgabe
```
(„blank" nicht alphanumerisch,   das sind 2 Bezeichner) ■

Wählen Sie nach Möglichkeit immer Namen, die dem Problem angepasst sind. Aussagefähige Namen tragen ganz wesentlich zur Lesbarkeit eines Programms bei, z. B.

statt: x,   y,   a,   b

besser: spannung,   anzahl,   zeit,   ergebnis.

Hier können Sie in der sonst so restriktiven Informatik einmal kreativ sein! Böse Zungen behaupten, dass ein Ingenieur die längste Zeit beim Programmieren damit verbringt, geeignete Namen zu ersinnen!

Anfänger unterschätzen häufig die durch eine einheitliche Schreibweise erzielte bessere Lesbarkeit von Programmen. Daher:

> **Dringende Empfehlung:**
>
> Halten Sie unbedingt die C/C++-Konvention ein! Wenn Sie sich nicht von Anfang an daran gewöhnen, werden Sie sich auch später nicht umstellen können!

2.3.2 Der Blockaufbau eines Programms

Jede Programmiersprache erfordert einen bestimmten Programmaufbau, damit der Compiler richtig arbeiten kann. Der Aufbau soll an folgendem Beispiel erklärt werden:

■ **Beispiel: Berechnung der Summe von zwei eingelesenen Werten**

```cpp
// BSP_2_3_2_1
// Berechnet die Summe von 2 eingelesenen int-Zahlen
#include <iostream>   // wegen cout und cin
using namespace std;  // sonst müsste es z.B. std::cout heißen
int main(void)        // oder int main()
{
    int summand1, summand2;
    int ergebnis;
    cout << "Eingabe Summand1 >";
    cin >> summand1;
    cout << "Eingabe Summand2 >";
    cin >> summand2;
    ergebnis = summand1 + summand2;
    cout << "Summe = " << ergebnis
        << endl;
    return 0; // Denken Sie daran, evtl. zuvor getchar()
              // einzufuegen.
}                                                                ■
```

C/C++-Programme sind im Gegensatz zu solchen in FORTRAN oder Pascal namenlos. Natürlich muss die Datei, in der das Programm abgespeichert wird, einen Namen besitzen. Dieser muss den Namensregeln des verwendeten Betriebssystems genügen. In der Regel verlangt der Compiler zusätzlich eine bestimmte Erweiterung, etwa „.c" für reine C-Compiler, oder heute meist „.cpp" für C++-Compiler.

Unser obiges Programm (BSP_2_3_2_1) könnte etwa mit dem Namen „summe.cpp" unter den Betriebssystemen LINUX oder Windows 10 abgespeichert sein.

C/C++-Programme bestehen aus einzelnen Funktionen. Insofern stellt unser Summenprogramm einen Sonderfall dar, denn es besteht nur aus einer einzigen Funktion, der Funktion *main()*. Jede Funktion besitzt einen Datentyp, der einzig und allein vom Rückgabewert (return value) abhängt. Da wir eine ganze Zahl zurückgeben (**return** 0), besitzt unsere Funktion *main()* den Datentyp int (Ganzzahl). Das Wort „void" (dt. leer) in der Klammer hinter „main", besagt, dass diese Funktion keine Übergabe-Parameter erhält.

Eine Funktion besteht aus den Komponenten

   Funktionskopf   –   Vereinbarungsteil   –   Ausführungsteil

```
<datentyp> <name(parameter)>          Funktionskopf

{

int <variablenliste>;

...

float <variablenliste>;               Variablenvereinbarungen

...

char <variablenliste>;

...


/* gültige ausführbare
C/C++-Anweisungen und               Ausführungsteil
Funktionsaufrufe. */
    .
    .
    .
    .
    .
}
```

Wie das Beispiel zeigt, existiert zwischen Vereinbarungsteil und Ausführungsteil keine deutlich sichtbare Grenze. Hingegen werden beide Teile zusammen, der so genannte Funktionskörper, durch geschweifte Klammern begrenzt. Die „#include ..."-Anweisung ist nicht Bestandteil der Funktion. Wir werden später darauf zurückkommen.

Die allen unseren Programmen vorangestellte Compiler-Direktive (= Anweisung an den Compiler) **using namespace** std; besagt, dass der Standard-C++-Namensraum benutzt werden soll, wenn Zugriffe auf die C++-Standard-Bibliotheken erfolgen. Die Vereinbarung unterschiedlicher „namespaces" kann in großen Projekten, an denen viele Entwickler arbeiten, Namenskonflikte vermeiden. Für die hier vorgestellten Programme ist das jedoch nicht erforderlich. Einige Compiler haben die Setzung auf den Standard-C++-Namensraum als Voreinstellung integriert, so dass die hier gezeigte **using**-Direktive ganz entfallen kann.

Der Vereinbarungsteil definiert Variablen, die durch die RESERVIERTEN WÖRTER „**int**", „**float**", „**char**", usw. eingeführt werden. Diese legen den Datentyp der nachfolgend aufgelisteten Variablen fest. Unser Beispiel enthält hier die Vereinbarungen der Variablen summand1, summand2 und summe als ganzzahlige **int**-Größen. Der Vereinbarungsteil führt keine Anweisungen aus, sondern stellt nur die benutzten Datenstrukturen bereit. **Eigentlich müssen Variablen lediglich vor ihrer ersten Verwendung deklariert werden. Das kann also irgendwo im Programm sein, ist aber unübersichtlich.**

Der Ausführungsteil enthält die ausführbaren Anweisungen. Diese realisieren den Algorithmus zur Lösung des Problems. Die ausführbaren Anweisungen sind in größeren Programmen häufig in einzelne Strukturblöcke unterteilt, die wiederum durch „{" und „}" geklammert sind.

Strukturblock:

```
          {

                . . .
                . . .
                . . .

          }
```

In unserem einfachen Beispiel besteht die Funktion *main()* aus nur einem Strukturblock. Größere C/C++-Programme bestehen in der Regel aus mehreren Funktionen. Diese werden einfach untereinander definiert (d. h. geschrieben), so dass sich der obige Aufbau entsprechend oft wiederholt. Jede Funktion ist also prinzipiell gleich aufgebaut, benötigt jedoch einen eigenen unverwechselbaren Namen. Nur eine Funktion heißt zwingend *main()*. Unabhängig davon, ob sie oben, in der Mitte oder unten definiert wurde: mit der Funktion *main()* wird jedes C++-Programm gestartet. Im Kapitel 6 werden wir uns eingehend mit Funktionen befassen.

2.3.3 Separationszeichen

Wie generell in jeder Sprache gibt es auch in C/C++ Trennzeichen, die die einzelnen logischen Einheiten des Codes gegeneinander abgrenzen.

Separationszeichen		
Semikolon:	;	Abtrennung der einzelnen Anweisungen gegeneinander
Komma:	,	Listentrenner: Eine Liste ist eine Aufzählung gleichartiger Objekte, z. B. „**float** alpha, beta, gamma;"
Leerstelle:	„ "	häufig als „blank" bezeichnet; Abtrennung der einzelnen Worte im Quelltext

Vor und nach Separationszeichen können beliebig viele Leerstellen eingefügt werden.

2.3.4 Kommentare

Obwohl C/C++-Programme weitgehend selbsterklärend sind, kann es sinnvoll sein, im Programmtext erläuternde Informationen einzufügen. Typisch sind eine Kurzbeschreibung am Programmbeginn und einzelne Hinweise im Quelltext. Kommentare lassen sich an jeder Stelle des Quelltextes mit den Symbolen

```
/* ....................
....................*/
```

einfügen. Der Kommentar kann aus einem Wort, einzelnen Textzeilen oder ganzen Textabsätzen bestehen. Achtung: Nur C++-Compiler erlauben zusätzlich

```
//....................
```

Ein derart gestalteter Kommentar endet immer am Zeilenende und hat daher kein Endzeichen.

■ **Beispiel**

```
int main(void)
/*    Berechnung des Quotienten
      von zwei eingelesenen Werten */
{ //Strukturblock A
  ....
  ....
}
{ //Strukturblock B
  ....
  ....
  nenner = alpha - beta; // koennte 0 sein!
  // Prüfung, ob Nenner = Null ist:
  ....
  ....                                                    ■
```

Bei der Programmentwicklung ist es manchmal hilfreich, Anweisungen oder ganze Strukturblöcke vorübergehend „auszukommentieren", um Fehler zu finden.

2.3.5 Die Freiheit der äußeren Form

Es besteht eine weitgehende Gestaltungsfreiheit der äußeren Form eines Programms. Die äußere Form trägt jedoch ganz entscheidend dazu bei, ein Programm verständlich und damit wartbar zu machen. Neben den bereits getroffenen Vereinbarungen über Groß-/Kleinschreibung haben sich in der Praxis folgende Regeln bewährt:

„Freiwillige" Grundsätze für die äußere Form

– Beginn eines Programms immer in der 1. Schreibspalte
– Je Zeile nur eine Anweisung (Ausnahmen möglich, z.B. „Prompt"-Eingaben)
– Strukturblöcke werden nach rechts um etwa 3–4 Positionen eingerückt
– Leerzeilen einfügen, um Text zu strukturieren
– Leerstellen („blanks") einfügen, um Anweisungen übersichtlich zu halten
– Eher einen Kommentar mehr als einen zu wenig!

Dringende Empfehlung:

Versuchen Sie unbedingt diese Regel einzuhalten! Wenn Sie sich nicht von Anfang an daran gewöhnen, werden Sie sich auch später nicht umstellen können!

2.4 Fehler

Die Entwicklung eines Programms ist ein iterativer Prozess. In den seltensten Fällen wird ein neu eingegebenes Programm auf Anhieb richtig arbeiten. In der Regel treten Fehler auf, deren Korrektur einen nicht unerheblichen Anteil der Entwicklungszeit beanspruchen. Wir unterscheiden drei Kategorien von Fehlern:

- Syntaxfehler
- Laufzeitfehler
- logische Fehler (Semantikfehler).

2.4.1 Syntaxfehler

Fehler im formalen Aufbau und „Rechtschreibfehler" führen zu Syntaxfehlern. Sie werden vom Compiler während der Übersetzung erkannt. Das Programm wird nicht compiliert. Die meisten modernen Compiler sind „intelligent" und geben in der Fehlermeldung die Fehlerposition (Zeilennummer im Quelltext) und einen erklärenden Text mit aus.

■ **Beispiele für Syntaxfehler:**

```
int main //mein 1. Versuch
...
...
quotient = zaehler : nenner;
...
...
alpha = radius + 3.5
x := y;
...
...
...
10 = zahl;
...
```

← Parameterklammern () vergessen

← Falscher Operator: „:" statt „/"

← „;" am Anweisungsende vergessen
← irrtümlich das Pascalzuweisungszeichen „:=" statt „=" verwendet

← falsche Zuweisungsrichtung

ferner:

- Benutzung von Variablen, die nicht vereinbart wurden
- Typverletzungen   ■

Syntaxfehler sind schnell zu korrigieren und bereiten in der Praxis kaum Probleme.

2.4.2 Laufzeitfehler

Ein syntaktisch korrektes Programm kann auch nach seinem Start während der Programmausführung mit einer Fehlermeldung abbrechen. Diese erst zur Laufzeit auftretenden Fehler heißen „Laufzeitfehler".

Laufzeitfehler hängen von den aktuell bearbeiteten Daten ab. Häufig treten sie beim ersten Testlauf auf. Es kann aber auch vorkommen, dass ein Programm viele Male richtig arbeitet und nur bei bestimmten „kritischen" Datenkombinationen mit einem Laufzeitfehler abbricht. So kann z. B. die fehlerhafte Anweisung in einem Programmteil liegen, der nur bei bestimmten Dateneingaben durchlaufen wird. Laufzeitfehler treten manchmal erst nach jahrelanger Nutzung des Programms auf. Ein besonderes Problem bei der Software-Entwicklung ist die Zusammenstellung geeigneter Testdatensätze, die möglichst alle kritischen Fälle abdecken.

■ **Beispiele für Anweisungen, die zu Laufzeitfehlern führen:**

1) Division durch Null:

```
...
cin >> n;
q = z / n;
...
```
← Abbruch, falls für n Null eingegeben wird

2) Wurzel aus negativer Zahl:

```
...
...
c = sqrt(x − y);
...
```
← Abbruch, falls aktuell $x - y < 0$ ■

Leider sind die Ursachen für Laufzeitfehler nicht immer so offensichtlich wie in den obigen Beispielen. Es ist sehr aufwendig, Programme „DAU-sicher" zu machen, d. h. gegen jede (auch unsinnig erscheinende) Eingabe abzusichern.

DAU	Dümmster Anzunehmender User

2.4.3 Logische Fehler

Logische Fehler (Semantikfehler) verstoßen weder gegen Rechtschreib- noch gegen Grammatikregeln einer Sprache.

Beispiel: „Das Rad ist viereckig"

Wenn ein Programm ohne Fehlermeldungen abgearbeitet wird aber falsche Ergebnisse liefert, liegt ein logischer Fehler vor. Logische Fehler werden nur erkannt, wenn zu bestimmten Test-Eingaben die erwarteten Programm-Ergebnisse bekannt sind (z. B. durch Handrechnung oder Taschenrechner). Diese Fehler entstehen durch einen falschen Algorithmus und zwingen manchmal zu einer grundlegenden Umorganisation des Programms.

Einfaches Beispiel für einen logischen Fehler:

> Statt Berechnung der Summe zweier Größen wird das Produkt gebildet.

Ein solcher logischer Fehler kann natürlich auch auf einem Tippfehler beruhen.

Fehlern in der Logik größerer Programme lässt sich durch ein klares Konzept des Programmaufbaus (Programm-Ablaufplan, Struktogramm, ...) vorbeugen.

2.5 Die Entwicklung von C/C++-Programmen

Vor allem C, aber auch C++ ist eine sehr gut portable Sprache. Deshalb werden Sie fast alle hier vorgestellten Beispielprogramme ohne wesentliche Änderungen auf Ihrem System „zum Laufen bekommen". Bekannte PC-Compiler sind u. a.: Microsoft Visual C++ (Visual Studio), Watcom C/C++, Dev C++ sowie Symantech C++ Professional in der jeweils aktuellen Version. Sie alle erlauben auch die Entwicklung von reinen C-Programmen.

Für die Programmentwicklung sind neben dem Compiler auch noch die Hilfsprogramme Editor, Linker und Debugger erforderlich. Unabhängig vom Typ des Compilers sind bei der Programmentwicklung bestimmte Phasen zu durchlaufen:

Die wichtigsten Schritte bei der Programmentwicklung

C/C++ Compiler bzw. Entwicklungsumgebung (z.B Visual C++ 2010 Express) starten
Erstellen des Quelltextes (lesbarer C/C++-Programmtext) mit dem Editor
Korrektur des Quelltextes im Editor
Sichern (Abspeichern) des Quellprogramms
Programm compilieren, linken und starten
Fehler korrigieren
– oder –
Editor explizit aktivieren
C/C++ Compiler verlassen, zurück zum Betriebssystem (BS)

Unter „Quelltext" oder „Quellprogramm" versteht man den Klartext, den der Programmierer, entsprechend der Syntax der verwendeten Sprache, mit dem Editor eingibt. Das Quellprogramm steht nach Abspeicherung im Fall von C++ in der Datei *<name>.cpp*, den aktuellen Namen wählt der Programmierer selbst, wobei er an die Konventionen seines Betriebssystems gebunden ist.

Das „Übersetzen" eines C/C++-Quellprogramms beinhaltet folgende Schritte:

1. Der Prä-Prozessor wertet alle Anweisungen aus, die mit einem #-Zeichen beginnen. So fügt er im Fall der *#include*-Anweisung „im Geiste" die in spitzen Klammern angegebene Datei, z. B. *iostream* für den Compiler in den Quelltext ein.

2. Der C++-Compiler erzeugt ein sogenanntes Objektmodul, in der Regel unter dem Namen *<name>.obj*. Verstößt der Quelltext gegen die Syntaxregeln, wird kein Objektmodul angelegt. Stattdessen gibt der Compiler Fehlermeldungen aus.

3. Der Linker verbindet den Objektcode mit den benötigten C/C++-Bibliotheken und erzeugt ein ausführbares Programm, unter Windows in der Regel unter dem Namen *<name>.exe,* unter Linux/UNIX ohne Namenserweiterung.

2.6 Aufgaben

1) Untersuchen Sie das Programm BSP_2_1_1.cpp von Kap. 2.1 auf RESERVIERTE WÖRTER und benutzerdefinierte Bezeichner.

2) Welche der folgenden selbst gewählten Bezeichner sind zulässig:

a)	z	b)	14okt	c)	ende
d)	mat.nr	e)	eingabedatum	f)	c2356
g)	ws94/95	h)	ausgabe-vektor	i)	zero
j)	x_achse	k)	RADIUS	l)	Var

3) Welche Anweisungen sind fehlerhaft:

   a) alpha = 10.7;
   b) q = alpha * beta
   c) 2 * x = 36.7 - z;
   d) gamma = gamma - epsilon;

4) Untersuchen Sie folgendes Programm nach RESERVIERTEN WÖRTERN und selbst definierten Namen:

```
#include <iostream>
using namespace std;
int main(void)
{
    int a, b, prod;
    cout <<"Geben Sie zwei ganze Zahlen ein >";
    cin >> a >> b;
    prod = a * b;
    cout << "\nDas Produkt von " << a << " und " << b
         << " ist " << prod << '\n';
    return 0;
}
```

Geben Sie das Programm ein und bringen Sie es nach Compilierung zur Ausführung. Evtl. müssen Sie vor der return-Anweisung ein- oder zweimal „getchar();" einfügen, damit die Konsole nicht sofort geschlossen wird, sondern erst nach Drücken einer beliebigen Taste.

5) Schreiben Sie ein Programm, das fogenden Text ausgibt:

„Dies ist mein erstes eigenes C++ Programm"

Die Lösungen finden Sie, wie bei allen folgenden Aufgaben auch, auf unserer Buch-Webseite: http://www.utd.hs-rm.de/C-Cpp-Studium-Beruf

3 Vordefinierte Standard-Datentypen und einfache Operationen

C/C++ besitzt, wie die meisten höheren Programmiersprachen, einige vordefinierte Standard-Datentypen. Die wichtigsten sind:

- ganze Zahlen: Typ **int**   (und ganzzahlige Sub-Typen)

- reelle Zahlen: Typ **float**   (und reelle Sub-Typen)

- Einzel-Zeichen: Typ **char**   (und Sub-Typen)

Einen logischen Datentyp, wie LOGICAL in FORTRAN oder BOOLEAN in Pascal, gibt es in C nicht, wohl aber in C++ (**bool**).

Der Wertevorrat, bzw. Wertebereich dieser Größen ist fest vorgegeben. Konstanten dieser Typen können unmittelbar im Programm auftreten, Variablen werden vereinbart durch:

Variablenvereinbarung

```
<datentyp_1> <variablenliste_1>;
<datentyp_2> <variablenliste_2>;
<datentyp_2> <variablenliste_2>;
```

Beispiel: **int** oma, opa, summe;
                float messwert, mittel;
                char zeichen, z1, z2, c;

3.1 Der Umgang mit Zahlen

In einem Programm können Zahlen als Konstante oder als Variablen eines bestimmten Datentyps auftreten. In dem Ausdruck

```
3 * r + s - 4.7
```

ist „3" eine Integer-Konstante, „4.7" eine **float**-Konstante, r und s sind Variablen, deren Typen zuvor im Vereinbarungsteil festgelegt wurden.

3.1.1 Ein wesentlicher Unterschied: `int` oder `float`

Jede Zahl benötigt zu ihrer Speicherung Platz im Arbeitsspeicher des Rechners. Je mehr Platz für eine Zahl verfügbar ist, desto mehr Information lässt sich darin ablegen. Typische Speicherbelegungen liegen bei 1–8 Bytes pro Zahl. Aus der Beschränkung auf eine bestimmte Speichergröße folgt, dass grundsätzlich nur Ausschnitte des unendlichen Zahlenbereichs auf Rechnern dargestellt werden können. Bei jedem Rechner und bei jeder Programmiersprache gibt es Grenzen für die Absolutgröße der darstellbaren Zahlen.

Geht es um die Darstellung ganzer Zahlen (Typ `int`), so ist nur die Einschränkung auf den darstellbaren Wertebereich zu beachten.

Zahlen vom Typ `int`:	Beachte die Grenzen des Wertebereichs

Für gebrochene Zahlen tritt neben diesen Bereichsgrenzen eine weitere Einschränkung dadurch auf, dass nicht beliebig viele Nachkommastellen im vorgegebenen Speicherrahmen unterbringbar sind. Es ist offensichtlich, dass z. B. ein reeller Wert von 0.45023 weniger Speicherplatz erfordert, als der Wert 0.263846073567484923 (obwohl die zweite Zahl vom Betrag her kleiner ist). Das bedeutet aber, dass innerhalb eines darstellbaren Zahlenbereichs gebrochene Zahlen (Typ **`float`**) nur bis zu einer bestimmten **Genauigkeit** dargestellt werden können.

Nicht jede **`float`**-Zahl ist exakt speicherbar und es kann vorkommen, dass z. B. eine eingegebene Zahl 0.3 intern als 0.2999999999 geführt und evtl. auch so wieder ausgegeben wird.

Um auch sehr große und sehr kleine Zahlen speichern zu können, werden **`float`**-Zahlen grundsätzlich in Exponentialschreibweise als „Fließpunktzahl" (Floating Point Value) abgelegt.

z. B. 0.00000000000000000000034   Festpunktzahl (Fix Point Value)

gespeichert als: $3.4 * 10^{-22}$ Fließpunktzahl (Floating Point Value)

In Wahrheit natürlich zur Basis 2 statt zur Basis 10, denn der Computer ist ein digitaler Automat. Gespeichert werden lediglich die kurze Mantisse und der Exponent. Der je **`float`**-Wert verfügbare Speicher muss in einem Kompromiss zwischen Mantisse und Exponent aufgeteilt werden.

Zahlen vom Typ `float`:	Beachte die Grenzen – im Zahlenbereich – in der Genauigkeit

Welche Konsequenzen ergeben sich daraus für die Datenverarbeitung?

Bei Rechnungen in der „**`float`**-Welt" ergeben sich aufgrund der Genauigkeitsgrenzen Unterschiede zwischen rein mathematischer Behandlung und Computerrechnung. Diese Abweichungen können manchmal störend sein (z. B. Postleitzahl 64807.99999!), in ungünstigen Fällen erheblich werden und in Extremfällen Ergebnisse total verfälschen!

■ **Beispiel**

```
// BSP_3_1_1_1
#include <iostream>
using namespace std;
int main(void)
{
    float r, s, t;
    r = 50000000.00003;
    s = 50000000.00007;
    t = 10000000.0 *(s - r);
    cout << endl << "t = " << t;
     // ggf. getchar();
    return 0;
}
```

Ausgabewert: wahrscheinlich 0
                      (compilerabhängig)

mathematisch: 400   ■

Ungenauigkeiten von Rechenergebnissen aufgrund der nicht genauen Darstellbarkeit von Zahlen in Rechnern können in der „int-Welt" nicht auftreten. Viele Berechnungen in der Praxis sind typische „Ganzzahlen-Probleme", z. B. Statistiken, Ereigniszählungen oder Indexberechnungen, und sollten möglichst auch in der „int-Welt" durchgeführt werden, um richtige und eindeutige Ergebnisse zu erzielen. Anderenfalls kann es vorkommen, dass wir z. B. mit 2345.3 Studenten, 23.5 Ereignissen oder Index 6.8 umgehen müssen!

Im Gegensatz zur mathematischen Behandlung, bei der die ganzen Zahlen als Untermenge in den reellen Zahlen enthalten sind, muss der Programmierer entscheiden, welche Datentypen – int oder float – eingesetzt werden sollen und in welchen „Welten" gerechnet wird. Die meisten wissenschaftlichen- oder Ingenieur-Probleme erfordern zweifellos eine Bearbeitung in der „float-Welt".

Gegenüberstellung: int und float		
	Vorteil	*Nachteil*
int-Welt:	genaue Zahlen	kleinerer Zahlenbereich als bei float
float-Welt:	größerer Zahlenbereich als bei int	„abgeschnittene" Zahlen

3.1.2 Ganzzahlige Datentypen

C/C++ bietet neben dem Grund-Datentyp int weitere vorzeichenbehaftete und auch vorzeichenlose ganzzahlige Datentypen an, die unterschiedliche Bereiche der ganzen Zahlen erfassen.

Integer-Datentypen		
Typ	**Wertebereich**	**Speicherbedarf**
`int` – oder –	–32768...32767	2 Bytes
`int`	–2147483648...2147483647	4 Bytes
short `int`	–32768...32767	2 Bytes
unsigned short `int`	0...65535	2 Bytes
long `int`	–2147483648...2147483647	4 Bytes
unsigned long `int`	0...4294967295	4 Bytes

In C++ gibt es noch zusätzlich die Varianten **long long int** (8 Bytes) und **_int128** (16 Bytes, Microsoft C++-spezifisch). Die Wortlänge von **int** ist compilerabhängig: Vergewissern Sie sich, ob Ihr Compiler mit 16- oder 32-Bit-**int** arbeitet. Manche Compiler ermöglichen Ihnen die Wahl. Wir gehen im Weiteren von 32 Bit aus. Alle Subtypen sind mit dem **int**-Typ verträglich und befolgen die gleichen Integer-Regeln. Zur Unterscheidung von der „**float**-Welt" werden wir im Folgenden gelegentlich von „Integer" sprechen, damit aber alle Ganzzahlen-Typen meinen. Die geplante Verwendung bestimmt die Wahl des jeweiligen Subtyps. Bei möglichen **int**-Werten jenseits von –32768 oder +32767 ist der Programmierer im Fall eines 16-Bit-Compilers gezwungen, **long int** zu verwenden. Andererseits verlängert jedoch das Rechnen mit **long int**-Werten eventuell die Ausführzeit des Programms, was aber heute kaum noch eine Rolle spielt.

Integer-Zahlen werden ohne Dezimalpunkt geschrieben.

Ein Pluszeichen ist optional und wird in der Praxis meistens weggelassen.

■ **Beispiele für short** `int`**-Konstanten:**

0
1000
–735
32333
+560
0xB (Hexadezimal)
037 (Oktal)

falsch ist:

3.4
7.0f
12.
44567 (zu groß)
–33123 (zu klein)   ■

Die oktale, v. a. aber hexadezimale Schreibweise von Integer-Zahlen spielt vornehmlich in der hardwarenahen Programmierung eine wichtige Rolle.

Wünscht man ausdrücklich eine **long**-Konstante, so muss der Zahl ein „l" oder „L" nachgestellt werden, wenn die Länge der Zahl dem Compiler nicht ohnehin **long** signalisiert.

■ **Beispiele für `long int`-Konstanten:**

0l
100L
−7L
36000
−456324567
0xFBE4AD9C (Hex.)
07773456 (Okt.)

falsch ist:

555555555555555
−333333333333
0xFFFFEEEEDDDD
12.   ■

Für die mathematische Verknüpfung und Manipulation von Integer-Werten bietet C/C++ die folgenden Grundoperatoren:

Integer-Operatoren	
+	Addition
−	Subtraktion
*	Multiplikation
/	Ganzzahlen-Division
%	Modulo-Division
++	Inkrement um 1
--	Dekrement um 1

„/" liefert nur das ganzzahlige Anteil bei der Division, „%" den entsprechenden Rest.

■ **Beispiele für Integer-Ausdrücke**

35	+	6	→	41	4	*	−9 →	−36
48	/	9	→	5	48	%	9 →	3
24	/	7	→	3	24	%	7 →	3
36	/	6	→	6	36	%	6 →	0
8	/	9	→	0	8	%	9 →	8

■

Integer-Variablen werden vereinbart durch:

Variablenvereinbarung

```
int <variablenliste>;
unsigned int <variablenliste>;
short <variablenliste>;
unsigned short <variablenliste>;
long <variablenliste>;
unsigned long <variablenliste>;
```

■ **Beispiel**

```
int jahr, anzahl, index;
unsigned int ziffer, zeilen_laenge;
short nummer, zaehler;
unsigned long studentinnen;
long einwohner;
```

Wie man sieht, lässt sich statt **short int** kurz **short** schreiben, usw. Integer-Variablen können nur Ganzzahlen speichern.

Richtig ist:
```
           anzahl = 36;
           index = -12;
           nummer = 0;
           ziffer = 38.42;        // zugewiesen wird 38
           ziffer = 38.7;         // zugewiesen wird 38
           index++;               // wie: index = index + 1;
           ++index;               // wie: index = index + 1;
           anzahl--;              // wie: anzahl = anzahl -
                                  // 1;
           --anzahl;              // wie: anzahl = anzahl -
                                  // 1;
           nummer = 'a';          // zugewiesen wird 97,
                                  // der ASCII-Code von 'a'
```

Falsch wäre:
```
           nummer = 50000;        // Zahl zu groß für short
           ziffer = -33;          // negative Zahl bei
                                  // unsigned int          ■
```

Der Compiler ist also sehr großzügig. Bei der Zuweisung erfolgt ggf. eine Umwandlung in den Datentyp der Variablen links vom Zuweisungszeichen, wobei C++-Compiler evtl. eine Warnung ausgeben. Allerdings darf der Wertebereich nicht überschritten werden.

■ **Programmbeispiel**

```
// BSP_3_1_2_1
#include <iostream>
using namespace std;
int main(void)
{
    int int1, int2, erg;
    int1 = 12;
    int2 = 5;
    erg  = int1 + int2;
    cout << erg << endl;        //Ausgabe:17
    erg  = int1 - int2;
    cout << erg << endl;        //Ausgabe:7
    erg  = int1 * int2;
    cout << erg << endl;        //Ausgabe:60
    erg  = int1 / int2;
    cout << erg << endl;        //Ausgabe:2
    erg  = int1 % int2;
    cout << erg << endl;        //Ausgabe:2
    erg  = ++int1 + int2--;
    cout << erg << endl;        //Ausgabe:18
    cout << int1 << int2        //Ausgabe:13     4
         << endl;
    // evtl. getchar();
    return 0;
}
```

■

Bezüglich der Operatoren ++ und -- entnehmen wir dem Beispiel:

1. ++ und -- dürfen auch in Ausdrücken vorkommen
2. steht ++ oder -- vor der Variablen, wird diese vor Verwendung in dem Ausdruck erhöht bzw. erniedrigt
3. steht ++ oder -- hinter der Variablen, wird diese nach Verwendung in dem Ausdruck erhöht bzw. erniedrigt

---

In C++ sind einige Konstanten vordefiniert, die ohne vorherige Vereinbarung direkt eingesetzt werden können.

Vordefinierte Ganzzahl-Konstanten (Beispiele)

```
    INT_MAX =   32767 oder  2147483647
    INT_MIN = -32768 oder -2147483648
```

Diese Konstanten wurden in der Header-Datei *limits.h* mit der Präprozessor-Anweisung #define definiert. Sie stehen nur zur Verfügung, wenn diese Datei mit der #include-Anweisung eingefügt wird: *#include <climits>*. Man kann diese Datei, wie alle include-Dateien, mit dem Editor untersuchen.

■ **Beispiel**

```
// BSP_3_1_2_2
#include <climits>
#include <iostream>
using namespace std;
//32-Bit int-Datentyp
int main(void)
{
   int alpha;
   alpha = INT_MAX - 2767;
   cout << alpha << endl;        //Ausgabe 2147480880
   return 0;
}
```

■ **Übungsbeispiel**

Aufgabe: Es ist die Quersumme einer dreistelligen Zahl zu berechnen und auszugeben.

Lösung: Es handelt sich um ein typisches **int**-Problem. Die eingegebene Zahl *zahl* wird in ihre Ziffern zerlegt und in *q_summe* aufaddiert.

```
Zeile  // BSP_3_1_2_3
1      #include <iostream>
2      using namespace std;
3      int main(void)
4      // Berechnung der Quersumme einer dreistelligen Zahl
5
6      {
7         int zahl, q_summe;
8         int hunderter, zehner, einer;
9         cout << endl << "3-stellige Zahl >";
10        cin >> zahl;
11        hunderter = zahl / 100;
12        zahl = zahl % 100;
13        zehner = zahl / 10;
14        einer = zahl % 10;
15        q_summe = hunderter + zehner + einer;
16        cout << q_summe << endl;
17        return 0;
18     }
```

Erklärung: Es werde z. B. 384 eingegeben. So verändern sich in diesem Fall die Speicherinhalte nach Abarbeitung der obigen Zeilen:

Variable/ Zeile	zahl	q_summe	hunderter	zehner	einer
1–9	???	???	???	???	???
10	384	???	???	???	???
11	384	???	3	???	???
12	84	???	3	???	???
13	84	???	3	8	???
14	84	???	3	8	4
15–18	84	15	3	8	4

3.1.3 Reelle Datentypen

Neben dem Standard-Typ **float** gibt es die Sub-Typen **double** und **long double**. Sie unterscheiden sich im darstellbaren Wertebereich und in der Genauigkeit, d. h. in der Anzahl der zuverlässigen Stellen.

Float-Datentypen			
Typ	**Wertebereich ±**	**Signifikante Stellen**	**Speicherbedarf**
float	1.2E–38...3.4E+38	ca. 7	4 Bytes
double	2.2E–308...1.7E+308	ca. 15	8 Bytes
long double	3.3E–4932...1.2E+4932	ca. 18	8 - 10 Bytes

Unter „signifikante Stellen" sind nicht etwa Nachkommastellen, sondern allgemein die signifikante Folge von Ziffern innerhalb der Zahl gemeint. Wegen der internen Umformung in die Exponentialschreibweise sind z. B. die Werte

34.895

3489500000000000000000000000.0

0.0000000000000034895

wegen gleicher Mantissenlänge mit der gleichen Genauigkeit speicherbar. Führende und nachstehende Nullen werden intern in den Exponenten „verbannt". Dagegen sind die beiden folgenden Zahlen

34.895067892342

34895067892342.0

nicht vollständig in einem Datentyp **float** unterzubringen und es würde etwa mit

34.89507

und   3489507xxxxxxx. (x: zufällige Ziffer)

gerechnet.

float-Werte können als Festpunktzahl oder Gleitpunktzahl geschrieben werden.

Festpunktzahlen müssen einen Dezimalpunkt enthalten.

In der Gleitpunktschreibweise wird der Zehner-Exponent mit „e" oder „E" eingeleitet. Ein „+"-Zeichen ist auch bei dem Exponenten optional.

■ **Beispiel Gleitpunktschreibweise**

mathematisch:		C/C++
6.74×10^3 :		6.74e3
	– oder –	6.74E+3
-0.5×10^{-8} :		–0.5e–8	■

Tritt ein „e" oder „E" in einer Zahl auf, liegt ein **float**-Typ (in Gleitpunktdarstellung) vor.

Enthalten die Nachkommastellen der Mantisse nur Nullen, dürfen Dezimalpunkt und die Nachkommastellen (in der Gleitpunktschreibweise!) auch weggelassen werden, z. B.:

5×10^{24} : 5e24

Bei dieser Schreibweise muss man sich den Dezimalpunkt vor dem „e" gesetzt denken. Das Fehlen des Dezimalpunktes macht den **float** Typ der Zahl weniger deutlich. Wir werden daher diese Schreibweise vermeiden.

Die Gleitpunktschreibweise ist nicht eindeutig, denn

–12.345e0 oder –1234.5e–2 oder ... oder –1.2345e+1

sind alle gleichwertig.

Die letzte Form, bei der nur eine Vorkommastelle existiert, heißt die Normalform der Gleitpunktdarstellung. Der Rechner gibt Gleitpunktwerte stets in der Normalform aus.

■ **Beispiele für float-Zahlen:**

Festpunktschreibweise	Gleitpunktschreibweise	Normalform
3.4	3.4e0	3.4e0
–350725.78	–350725.78e0	–3.5072578e5
0.007f	0.007e0f	7.0e–3

■

> **Achtung**: Bei reellen Zahlenkonstanten unterstellt der Compiler den Datentyp **double**, wenn der Programmierer nicht ausdrücklich **float** durch Nachstellen von „f" oder „F" verlangt.

Beispiele:

23.89	→	`double`
23.89d	→	`double`
23.89D	→	`double`
23.89f	→	`float`
23.89F	→	`float`

Zur Verknüpfung von **float**-Werten benutzt man in der Regel die in der Mathematik bekannten Operatoren:

> **Float-Operatoren**
> + Addition
> − Subtraktion
> * Multiplikation
> / float-Division

Der Modulo-Operator „%" wäre in der **float**-Welt sinnlos! Er ist hier deshalb nicht erlaubt.

■ **Beispiele**

3.4	+	9.1	→	12.5
−8.8	/	2.0	→	−4.4
1.2	*	−5.0	→	−6.0
3.2	−	4.6	→	−1.4

■

float-Variablen werden vereinbart durch:

> **Variablenvereinbarung**
> **float** <variablenliste>;
> **double** <variablenliste>;
> **long double** <variablenliste>;

Die meisten wissenschaftlich- technischen Probleme lassen sich mit dem Typ **float** gut bearbeiten, so dass **double** nicht unbedingt gebraucht wird, zumal Verknüpfungen von reellen Zahlen automatisch im **double** -Bereich vorgenommen werden.

■ **Beispiel**

```
float x_wert, y_wert;

double kosmos;

...
```
■

■ **Programmbeispiel**

```
// BSP_3_1_3_1
#include <iostream>
using namespace std;
int main(void)
/* Berechnung des Mittelwertes von
   3 eingegebenen float-Werten */
{
    float in1, in2, in3;
    float m_wert;

    cout << "3 Zahlen >";
    cin >> in1 >> in2 >> in3;        Eingabe:  7.7   8.2   6.9
    m_wert = (in1+in2+in3) / 3.0;
    cout << m_wert <<endl;           Ausgabe:  7.6
    return 0;
}                                                              ■
```
Da Punktrechnung vor Strichrechnung geht, muss der Rechenausdruck geklammert werden. Mit den genauen Regeln zur Auswertung zusammengesetzter Ausdrücke werden wir uns etwas später befassen.

3.1.4 Standardfunktionen mit Zahlen

Jede Programmiersprache bietet einen Satz von vordefinierten Standardfunktionen, die in einem Programm direkt eingesetzt werden können. Funktionen liefern einen Wert zurück und gehören deshalb einem bestimmten Datentyp an. Die an Funktionen übergebene Parameter (Argumente) müssen mit dem erwarteten Datentyp übereinstimmen.

Nachstehend wird nur eine kleine Auswahl der von C/C++ angebotenen Standardfunktionen wiedergegeben:

Wichtige mathematische Standardfunktionen				
Funktion	**Typ**	**Bedeutung**	**Beispiel**	
sin(a)	d	sin in Bogenmaß	sin(1.5)	→ 0.997...
cos(a)	d	cos in Bogenmaß	cos(1.5)	→ 0.070...
tan(a)	d	tan in Bogenmaß	tan(3.14)	→ –0.001...
atan(a)	d	Arcustangens	atan(1.4)	→ 0.950...
log(a)	d	natürlicher Logarithmus	log(10.0)	→ 2.302...
log10(a)	d	dekadischer Logarithmus	log10(10.0)	→ 1.000...
exp(a)	d	e hoch a	exp(4.5)	→ 90.01...
sqrt(a)	d	Wurzelfunktion	sqrt(19.3)	→ 4.393...
fabs(a)	d	Absolutbetrag	fabs(–2.7)	→ 2.700...
pow(a, b)	d	a hoch b	pow(4.9, 0.87)	→ 3.985...
floor(a)	d	rundet nach unten ab (ganzzahlig)	floor(1.034) floor(–1.22)	→ 1.000... → –2.000.
ceil(a)	d	rundet nach oben ab (ganzzahlig)	ceil(1.034) ceil(–1.22)	→ 2.000... → –1.000...

Alle oben gezeigten Funktionen verlangen **double**-Argumente. Als Ergebnis liefern sie einen **double**-Wert zurück.

Achtung: Bei Verwendung von mathematischen Funktionen muss die Headerdatei *cmath* eingebunden werden: #include <cmath>

Funktionen werden wie Variablen in Anweisungen eingesetzt. Die Funktionsargumente (Parameter) können durchaus auch komplizierte mathematische Ausdrücke sein, die ihrerseits Funktionsaufrufe enthalten können (d. h. „nesting" ist erlaubt), z. B.:

```
sqrt(3.5 - sin(alpha * pi / epsilon))
```

■ Übungsbeispiel

Mit folgendem Programm soll die Speicherung von **float**-Zahlen geprüft werden: Ein Programm soll eine **float**-Zahl einlesen und die erste Nachkommastelle als Ziffer ausgeben. Es sollen nur Eingaben mit einer Nachkommastelle gemacht werden.

z. B. Eingabe 1.6 => Ausgabe 6

Lösung:

```
// BSP_3_1_4_1
#include <iostream>
#include <cmath>
using namespace std;
int main(void)
```

```
/* Eingabe einer float-Zahl mit einer
   Nachkommastelle und Ausgabe der
   Nachkommastelle als int-Wert */
{
    float zahl, ganz;
    int ziffer;
    cout << endl << "float-Zahl >";
    cin >> zahl; // keine Ueberpruefung auf Nachkommastellen
    ganz = floor(zahl);
    ziffer = (zahl - ganz) * 10;
    cout << ziffer << endl;
    return 0;
}
```

Erläuterung: In dem Ausdruck „ ziffer = ...“ steht links vom Zuweisungsoperator eine **int**-Variable, rechts ein **float**-Ausdruck. In C/C++ ist das kein ernstliches Problem. Zugewiesen wird stets der nach unten abgerundete und nach **int** gewandelte Wert. Manche C++-Compiler geben eine „Warning“ aus. Möchten Sie diese vermeiden, sollten Sie mittels Cast-Operator (<datentyp>) die Umwandlung explizit vornehmen (→ s. Kap. 3.4), in diesem Fall:
```
ziffer = (int)((zahl - ganz) * 10).
```

Geben Sie das Programm ein und prüfen Sie es mit verschiedenen Eingaben.

Ergebnis: Das Programm gibt nicht immer die richtige Ziffer aus, z. B.:

Eingabe 2.2	→	Ausgabe 2
Eingabe 1.7	→	Ausgabe 7
Eingabe 2.3	→	Ausgabe 2 !!
Eingabe 3.6	→	Ausgabe 5 !!

Erklärung: Aufgrund der nicht-genauen Speicherung von **float**-Werten ist intern z. B. statt 2.3 der Wert 2.2999...999 und statt 3.6 der Wert 3.5999...999 gespeichert. Haben Sie eine Idee, wie man diesen Fehler vermeiden kann?   ■

3.2 Verarbeitung von Einzelzeichen: Der Datentyp char

Programmiersprachen unterscheiden zwischen Einzelzeichen und Zeichenketten (Strings, → s. Kap. 7). Der Datentyp **char** (von „character“) dient zur Speicherung von Einzelzeichen. Die Länge beträgt 1 Byte.

Variablenvereinbarung
```
char <variablenliste>;
```

In einem Programm auftretende Zeichen(-Konstanten) müssen zur Unterscheidung von Variablennamen und reservierten Symbolen in einfache Hochkommata eingeschlossen werden, z. B.

'a', '*', '3', 'B', '+', '$', ' ' (blank)

nicht jedoch: "AB" (das ist ein „String"!)

> **Zeichen in einem Programm werden in Hochkommata eingeschlossen.**

Das Zeichen '+' hat natürlich nichts mit dem Additionsoperator zu tun!

■ Beispiel

```
char c1, c2, c3, blank;
...
c1 = 'A';
c2 = '6';
blank = ' ';
...
c2 = c1;
c3 = blank;
...
```

                                                                                    ■

■ Beispiel 1: Eingabe zweier Zeichen und Ausgabe in umgekehrter Reihenfolge:

```
// BSP_3_2_1
#include <iostream>
using namespace std;
int main(void)
  {                                    Ein-/Ausgabe ohne ' '!
    char eins ,zwei;
    Cout << "Erstes Zeichen  >";       Beispiel:
    cin >> eins;                       Eingabe z
    cout << "Zweites Zeichen >";
    cin >> zwei;                       Eingabe a
    cout << zwei << endl;              Ausgabe a
    cout << eins << endl;             Ausgabe z
    return 0;
  }                                                                      ■
```

■ **Beispiel 2: Austausch der Speicherinhalte zweier Zeichenvariablen:**

```
// BSP_3_2_2
#include <iostream>
using namespace std;
int main(void)
{                                                       Ein-/Ausgabe
    char eins, zwei, temp;
    cout << "Gib erstes Zeichen ein >";                 Beispiel:
    cin >> eins;                                        Eingabe 5
    cout << "Gib zweites Zeichen ein >";
    cin >> zwei;                                        Eingabe 8
    cout << eins << zwei << endl;                       Ausgabe 5 8
    temp = eins;   // Dreiecktausch
    eins = zwei;
    zwei = temp;
    cout << eins << zwei << endl;                       Ausgabe 8 5
    return 0;
}                                                                      ■
```

Beachten Sie den Unterschied zwischen den Zeichen '5' und '8' und den **int**-Zahlen 5 und 8! Mit den im Beispiel 2 eingegebenen Größen wird man in der Regel nicht rechnen, da sie als alphanumerische Werte vom Typ **char** gespeichert werden.

3.2.1 Der Umgang mit der ASCII-Tabelle

Der verfügbare Zeichenvorrat ist von dem Zeichencode abhängig, den der Rechner einsetzt. PC benutzen den „erweiterten" ASCII Code (American Standard Code of Information Interchange), eine Erweiterung des standardisierten ASCII-Codes. Er umfasst 256 Zeichen und enthält große und kleine Buchstaben, die Ziffern 0...9 sowie Sonderzeichen und spezielle Symbole und Steuerzeichen. Die ASCII-Tabelle finden Sie im Anhang A.

Jedes Zeichen kann aufgrund seiner Position in der ASCII-Tabelle eindeutig angesprochen werden, z. B.:

'A'	ASCII-Position 65
'a'	ASCII-Position 97
'3'	ASCII-Position 51
'+'	ASCII-Position 43
' '	ASCII-Position 32
""	ASCII-Position 39

Die Repräsentation von Zeichen durch ihre ASCII-Position bzw. ihren ASCII-Code ermöglichen Vergleiche der Art:

$$'a' > 'A' \quad \text{oder} \quad ')' < '1'$$

(Vergleichsausdrücke werden später behandelt.)

Aus der ASCII-Tabelle folgt:

'A' < 'B' < 'C' <... < 'Z' und   '0' < '1' < '2' <... < '9'

Diese ASCII-Ordnung bildet die Grundlage von Text-Sortierprogrammen.

Um auf besonders wichtige Steuerzeichen und auf Zeichen, die in C/C++ eine Sonderbedeutung haben, zugreifen zu können, gibt es so genannte Escape-Sequenzen, die durch einen vorangestellten Backslash (\) gekennzeichnet sind.

Escape-Sequenz	ASCII-Code			Wirkung bzw. Bedeutung
\a	07	bzw.	0x7 (hexadezimal)	Bell (Piepzeichen)
\b	08		0x8	Backspace (1 Position zurück)
\f	12		0xC	Formfeed (Seitenvorschub)
\n	10		0xA	Linefeed (neue Zeile)
\r	13		0xD	Carriage Return (Zeilenanfang)
\t	09		0x9	Tabulator (horizontal)
\v	11		0xB	Tabulator (vertical)
\\	92		0x5C	Backslash (entwertet)
\'	44		0x2C	Single quote (entwertet)
\"	34		0x22	Double quote (entwertet)
\?	63		0x3F	Question mark (entwertet)
\0	00		0x0	NUL (Stringende-Markierung)

Beispiel: Ein Zeilenvorschub (Linefeed) soll der **char**-Variablen *linefeed* zugewiesen werden:

```
char linefeed;
...
linefeed = '\n';        // '\n' gilt als ein ASCII-Zeichen
```

Beispiel: Eine Ausgabe mit anschließendem Zeilenvorschub:

```
cout  <<  "Ausgabe mit Zeilenvorschub\n"
```

■ **Beispiel**

```
// BSP_3_2_1_1.cpp
#include <iostream>
using namespace std;
int main(void)
{
    cout << "Nicht einschlafen! \a\a\a";
    cout << "\n\n\n";
    // gleiche Wirkung wie: cout << endl << endl << endl;
    return 0;
}
```

Ausgabe: Nicht einschlafen! <Piep><Piep><Piep>

                     drei Leerzeilen   ∎

Ein Zugriff auf **alle** Steuerzeichen am Beginn der ASCII-Tabelle ist in C/C++ problemlos möglich, indem einfach der dezimale oder hexadezimale ASCII-Code angegeben wird.

∎ **Beispiel**

Ein Druckerseitenvorschub (Formfeed) hat den ASCII-Code 12 (dez.) bzw.

0xC (hex.). Dieser Wert soll der **char**-Variablen *formfeed* zugewiesen werden:

```
char formfeed;
...
formfeed = 12; // oder: formfeed = 0xC;
```
                                                                                      ∎

Wenn dies möglich ist, gibt es keinen Grund, warum nicht auch Ziffern oder Buchstaben mit ihrem ASCII-Code angesprochen werden können. Identische Wirkung haben z. B. folgende drei Anweisungen:

```
char zeichen;
...
zeichen = 'A';       //   Zeichenkonstante
zeichen = 65;        //   dezimaler ASCII-Code
zeichen = 0x41;      //   hexadezimaler ASCII-Code
```

In Wahrheit ist **char** ebenfalls ein numerischer Datentyp, eine Art „super **short int**" mit 8-Bit-Wortlänge (1 Byte). Es existieren sogar Varianten von **char**:

Character Datentypen		
Typ	**Wertebereich**	**Speicherbedarf**
char	−128 ... +127	1 Byte
signed char	−128 ... +127	1 Byte
unsigned char	0 ... 255	1 Byte

Zwar dienen **char**-Variablen in der Hauptsache zur Speicherung von ASCII-Zeichen, jedoch kann man problemlos mit ihnen rechnen. Man beachte allerdings den geringen Wertebereich.

Umgekehrt kann man ein Zeichen ohne weiteres einer **int**-Variablen zuweisen. Das Zeichen steht dann im unteren Byte, das obere enthält 0 (alle 8 Bits auf 0).

∎ **Beispiel: Merkwürdig aber korrekt!**

```
// BSP_3_2_1_2
#include <iostream>
using namespace std;
int main(void)
```

```
{
  char z1, z2;
  int  erg;
  z1 = '0'; // ASCII-Code 48
  z2 = 7;
  erg = z1 + z2; // besser: erg = int(z1 + z2);
  cout << erg << '\n';  // Ausgabe: 55
  return 0;
}
```

■

3.2.2 Standardfunktionen mit char

C/C++ bietet eine Reihe von Standardfunktionen, die den Umgang mit Zeichen erleichtern. Die wichtigsten seien nachfolgend aufgeführt (Achtung: Headerdatei *ctype* einbinden!):

Wichtige Standardfunktionen mit char
`#include <ctype>`
`char c;`
`int i;`	

Funktion	**Ergebnis**
isalnum(c) → i	i ungleich 0 falls c Buchstabe oder Ziffer, sonst i gleich 0.
isalpha(c) → i	i ungleich 0 falls c Buchstabe, sonst i gleich 0.
isdigit(c) → i	i ungleich 0 falls c Ziffer (0 ... 9), sonst i gleich 0.
isprint(c) → i	i ungleich 0 falls c druckbares Zeichen incl. Leerzeichen, sonst i gleich 0.
isspace(c) → i	i ungleich 0 falls c Standardtrennzeichen (Leerzeichen, Tabulator oder Zeilenvorschub), sonst i gleich 0.
tolower(c) → i	i liefert kleingeschriebenes Äquivalent von c, falls c Buchstabe, sonst bleibt c unverändert.
toupper(c) → i	i liefert großgeschriebenes Äquivalent von c, falls c Buchstabe, sonst bleibt c unverändert.

■ **Beispiel 1**

```
...
int  i;
char c;
...
cout << "Neue Rechnung? [J/N] >";
cin >> c ;
i = toupper(c); // verwandelt Klein- in Grossbuchstaben
```

. . .
→ später keine zusätzlichen Abfragen für „j" und „n" nötig.   ■

■ **Beispiel 2**

```
. . .
char c;
int i;
. . .
cout << "Bitte Zeichen eingeben >";
cin >> c;
i = isdigit(c);
if(i != 0)
  cout << "Das Zeichen ist eine Ziffer"
       << '\n';
. . .
```

→ produziert die Ausgabe „Das Zeichen ist eine Ziffer", wenn eine Ziffer (0...9) eingegeben wurde. „**if**(i != 0)" bedeutet: falls i ungleich 0 ist.   ■

3.3 Logische Ausdrücke

Logische Ausdrücke werden in Programmen vor allem bei Entscheidungen in Kontrollstrukturen (Verzweigungen und Schleifen, → s. Kap. 5) benutzt (z.B. „**if**(i != 0)").

In C existiert jedoch kein logischer Standarddatentyp wie BOOLEAN in Pascal oder
LOGICAL in FORTRAN. In C++ gibt es dagegen den Datentyp **bool**. Wegen der numeri-
schen Bewertung des Wahrheitswerts ist er jedoch eigentlich überflüssig. Logische Ausdrücke werden je nach Wahrheitswert numerisch bewertet:

Wahrheitswert	**Bewertung mit**
wahr (**true**)	Zahl ungleich 0, in der Praxis meist 1
falsch (**false**)	0

Relationale Ausdrücke werden mit den folgenden Vergeichsoperatoren gebildet:

Vergleichsoperatoren
== gleich
!=   ungleich
<=   kleiner gleich
>=   größer gleich
<   kleiner
>   größer

Jede Vergleichsoperation ist eine Frage, die mit „**true**" (wahr) oder „**false**" (falsch) zu beantworten ist.

■ **Beispiele für logische Ausdrücke:**

(10 == 12)   →   **false**

(13.5 <= 24.9)   →   **true**

('a' < 'B')   →   **false**

(3 > 3)   →   **false**

(0x33 == '3')   →   **true**   ■

Das Ergebnis eines logischen Ausdrucks kann in einer ganzzahligen Variablen gespeichert werden. Obwohl logische Ausdrücke meistens nur für Programm-interne Steuerungen eingesetzt werden, lassen sie sich auch einer Variablen zuweisen.

■ **Beispiel**

```
// BSP_3_3_1
#include <iostream>
using namespace std;
int main(void)
{
    int i, k;
    int l1, l2, l3;
    cout << "2 Integer eingeben ";          Beispiel:
    cin >> i >> k;                          Eingabe 6 3
    l1 = i == k;
    cout << l1 << endl;                      Ausgabe 0
    l2 = i > 5;
    cout << l2 << endl;                      Ausgabe 1
    l3 = 22 <= k;
    cout << l3 << endl;                      Ausgabe 0
    return 0;
}                                                                           ■
```

Logische Ausdrücke können mit logischen Operatoren kombiniert werden.

Logische Operatoren

&&   logisch UND
|| logisch ODER
!   Negation (unitär, d.h. nur 1 Operand)

Für die Auswertung von Kombinationsausdrücken gelten die von der Booleschen Algebra bekannten Wahrheitstabellen:

Die Booleschen Algebra spielt beispielsweise in der Digitaltechnik eine bedeutende Rolle.

Wahrheitstabellen   T : **true**;   F : **false**

&& (UND)	|| (ODER)	!
T && T → T	T || T → T	!T → F
T && F → F	T || F → T	!F → T
F && T → F	F || T → T	
F && F → F	F || F → F	

Bei der Programmierung kommen oft solche Abfragen (Auswahlen, Selektionen) vor:

„wenn i negativ und j größer 100 ist, dann ..."

als C/C++-Anweisung sieht das so aus:

  if ((i < 0) && (j > 100)) ...

■ **Beispiel**

```
// BSP_3_3_2
#include <iostream>
using namespace std;
int main(void)
// - Logik -
{
    int p, q, r, s, ergebnis;
    p = 1;
    q = p;
    r = 0;
    s = r;                          Ausgabe:
    ergebnis = !p;
    cout << ergebnis << endl;          0
    ergebnis = !(!(q));
    cout << ergebnis << endl;          1
    ergebnis = q || s;
    cout << ergebnis << endl;          1
    ergebnis = p && s;
    cout << ergebnis << endl;          0
    ergebnis = p && q && r;
    cout << ergebnis << endl;          0
    ergebnis = (p || r) && q;
    cout << ergebnis << endl;          1
    return 0;
}
```

Rangfolge der logischen und Vergleichsoperatoren

höchster Rang:	1.	!		NOT
	2.	< > <= >=		Vergleich
	3.	== !=		Gleichheit
	4.	&&		UND
tiefster Rang:	5.	||		ODER

Beachte: && (UND) bindet stärker als \|\| (ODER)!

Häufig treten in Ausdrücken mathematische Operatoren gemeinsam mit Vergleichs- und logischen Operatoren auf. Wir verweisen diesbezüglich auf das folgende Kapitel 4.

Im Gegensatz zu C enthält C++ den Datentyp bool

Sollten Sie einen älteren Compiler verwenden, ist es möglich, dass dieser Datentyp noch nicht unterstützt wird. Ein Beispiel für den Datentyp **bool**:

```
...
bool log1, log2, log3;
...
log1 = true;
log2 = false;
log3 = log1 && log2;
cout << log3 << endl;// Ausgabe: 0
...
```

Boolesche Variablen können also die beiden Wahrheitswerte „**true**" und „**false**" annehmen. Es besteht eine Kompatibilität zur C-Logik (0 ist unwahr, nicht 0 ist wahr). Dies erläutert das folgende Beispiel:

```
...
bool b1, b2, b3;
...
b1 = 3;
b2 = 4;
b3 = b1 && b2;
cout << b3 << endl;        // Ausgabe: 1, denn 3 und 4
                           // werden bei der Zuweisung an
                           // b1 und b2  in "true" umgewandelt

...
```

3.4 Operatoren und Ausdrücke

Die wichtigsten Operatoren haben Sie bereits kennen gelernt. Jedoch bietet C/C++ eine geradezu verwirrende Vielfalt an Operatoren. Diese werden in 15 Vorranggruppen eingeordnet. Treten in einem Ausdruck verschiedene Operatoren auf, so ist die Reihenfolge der einzelnen Operationen durch die Operatoren-Rangfolge geregelt: Je kleiner die Vorrangstufe (Gruppennummer), je höher der Vorrang. Für gleichrangige Operatoren gilt die „Richtung der Abarbeitung" in der letzten Spalte unserer Operatorentabelle.

Richtung der Abarbeitung:
von links nach rechts   – oder –   von rechts nach links

C Operatorentabelle

Gruppe	Operatoren	Reihenfolge der Abarbeitung	
1	() [] -> .	links nach rechts	→
2	! ~ ++ -- - (typ) * & sizeof	rechts nach links	←
3	* / %	links nach rechts	→
4	+ -	links nach rechts	→
5	<< >>	links nach rechts	→
6	< <= >= >	links nach rechts	→
7	== !=	links nach rechts	→
8	&	links nach rechts	→
9	^	links nach rechts	→
10	|	links nach rechts	→
11	&&	links nach rechts	→
12	||	links nach rechts	→
13	?:	rechts nach links	←
14	= += -= *= /= %= >>= <<= &= |= ^=	rechts nach links	←
15	,	links nach rechts	→

Die Gruppe entspricht der Vorrangstufe.

Natürlich sind alle C-Operatoren auch für C++ gültig. Darüber hinaus bietet C++ noch einige weitere Operatoren, auf die wir hier noch nicht näher eingehen (→ s. Kap. 9).

Es folgt eine kurze Beschreibung der Operatoren. Die Bedeutung einiger Operatoren wird allerdings erst später klar.

Gruppe	Operator	Beschreibung	Beispiel	
1	()	Funktionsklammer	sin(a * b)	// s. Kap. 6
	[ ]	Vektorklammer	a[i]	// s. Kap. 7
	–>	Strukturpointer	adr–>strasse	// s. Kap. 7
	.	Strukturselektor	mitarb.vname	// s. Kap. 7
2	!	Negationsoperator	!x	// liefert 1 oder 0
	~	Komplementoperator	~b	// kippt b bitweise um
	++	Incrementoperator	++i	// vor Verwendung erhöhen
			i++	// nach Verwendung erhöhen
	--	Dekrementoperator	--i	// vor Verwendung // vermindern
			i--	// nach Verwendung verm.
	–	negatives Vorzeichen	–z	// negativer Wert von z
	(typ)	Cast-Operator	(**int**) ausdr	// Wert des Ausdrucks wird // nach **int** umgewandelt
	*	Inhaltsoperator	*p	// Inhalt des Pointers p
	&	Adressoperator	&a	// Adresse der Variablen a
	sizeof	Größenoperator	**sizeof**(x)	// Größe der Variablen x // in Byte
			sizeof(**int**)	// Größe von **int** in Byte
3	*	Multiplikationsop.	x * y	
	/	Divisionsoperator	a / 4.7	
	%	Modulo-Operator	z % 7	// 0 wenn z / 7 = 0
4	+	Additionsoperator	b + 3	
	–	Subtraktionsop.	z – y	
5	<<	Links-Shift-Op.	a << 3	// a um 3 Bits nach links // schieben
	>>	Rechts-Shift-Op.	b >> 2	// b um 2 Bits nach rechts // schieben

Gruppe	Operator	Beschreibung	Beispiel	
6	<	kleiner-Operator	x < 5	// 1 wenn wahr
	<=	kleiner-gleich-Op.	x <= 5	// 1 wenn wahr
	>	größer-Operator	y > 5	// 1 wenn wahr
	>=	größer-gleich-Op.	y >= 5	// 1 wenn wahr
7	==	Gleichheitsoperator	a == b	// 1 wenn wahr
	!=	Ungleichheitop.	!= 7	// 1 wenn wahr
8	&	bitweiser UND-Op.	a & 0x7	// jedes einzelne Bitpaar
9	^	bitweiser XOR-Op.	b ^ x	// der beiden Operanden
10	|	bitweiser ODER-Op.	c | 0x4	// wird verglichen
11	&&	logischer UND-Op.	x && y	// 1 wenn beide nicht 0
12	||	logischer ODER-Op.	a || b	// 1 wenn mind. ein Operand // ungleich 0
13	?:	bedingter Bewertungs-Op	a ? b : c	// liefert b wenn. a ungleich 0 // (wahr), sonst c
14	=	Zuweisungsoperator	y = a / b	
	+=	Zuweisungsoperator	a += b + 4	// a = a + (b + 4)
	—=	Zuweisungsoperator	a —= b + 4	// a = a – (b + 4)
	*=	Zuweisungsoperator	a *= b + 4	// a = a * (b + 4)
	/=	Zuweisungsoperator	a /= b + 4	// a = a / (b + 4)
	%=	Zuweisungsoperator	a %= b + 4	// a = a % (b + 4)
	>>=	Zuweisungsoperator	a >>= 1	// a = a >> 1
	<<=	Zuweisungsoperator	a <<= 2	// a = a << 2
	&=	Zuweisungsoperator	a &= 0xdf	// a = a & 0xdf
	|=	Zuweisungsoperator	a |= 0xa8	// a = a | 0xa8
14	^=	Zuweisungsoperator	a ^= 0x3e	// a = a ^ 0x3e

15	,	Folgeoperator	x = (i++, a
			+ 4)
				// zuerst wird i erhöht, dann
				// wird a + 4 berechnet; der
				// letzte Ausdruck (hier: a + 4)
				// wird x zugewiesen

Einige der Ihnen noch nicht geläufigen Operatoren werden wir nach und nach, bei Bedarf, einführen. Einige wenige werden Ihnen erst in einem Fortgeschrittenen-Kurs wieder begegnen.

Mit Hilfe der Operatoren lassen sich zusammengesetzte Ausdrücke bilden, die entsprechend der Vorrangstufen auflöst werden können. Beachten Sie, dass die Klammer jede Vorrangstufe außer Kraft setzt (die Klammer hat die höchste Vorrangstufe)!

■ **Beispiele**

Ausdruck	abgearbeitet als	Ergebnis
2 * 15 + 3	(2 * 15) + 3	33
12.0 / 3.0 * 4.0	(12.0 / 3.0) * 4.0	16.0
120 / 9 % 5	(120 / 9) % 5	3
24.6 / 1.2 / 2.5	(24.6 / 1.2) / 2.5	8.2

■

Da in C/C++ nahezu jeder Ausdruck erlaubt ist, lassen sich phantastische Gebilde erschaffen, nach deren praktischem Sinn man lieber nicht fragen sollte. Mit Hilfe unserer Vorrangtabelle kann man derartige Denksportaufgaben jedoch lösen.

■ **Beispiel:** Der Ausdruck

$$4 \mathbin{\&\&} 2 + 3 \mathbin{||} !3 == 3 - 2 / 2 >= -3$$

wird folgendermaßen aufgelöst:

$$((4 \mathbin{\&\&} (2 + 3)) \mathbin{||} ((!3) == ((3 - (2 / 2)) >= (-3))))$$

und mit 1 bewertet.

Beachten Sie dabei: !3 = 0, (0 && x) = 0,

$\qquad$ (0 || x) = 1, falls x ungleich 0, sonst 0   ■

Natürlich treten in praktischen Ausdrücken nicht nur Zahlenwerte, sondern auch Variablen oder Funktionsaufrufe auf.

Die beteiligten Operanden bestimmen den Datentyp eines Ausdrucks. Es dürfen durchaus Operanden verschiedenen Typs in einem Ausdruck vorkommen. Entsprechend der Operatoren und deren Vorrangstufen wird ein Ausdruck, wie in unserem obigen Beispiel, zunächst in Teilausdrücke zerlegt. Dabei gelten folgende Regeln:

1. Ist der Operator binär (z. B. + − * / < &&) und haben die beiden beteiligten Operanden den gleichen Datentyp, so erhält der Teilausdruck meistens ebenfalls diesen Datentyp, in einigen Fällen jedoch den nächst höheren. So führt die Verknüpfung zweier **float**-Größen immer zu einem **double**-Wert.

2. Ist der Operator binär und besitzen die beiden beteiligten Operanden unterschiedliche Datentypen, so erhält der Teilausdruck meistens den Datentyp des typhöheren der beiden Operanden, in einigen Fällen jedoch einen noch höheren. So führt die Verknüpfung von **long int** und **float** zu einem **double**-Wert.

3. Durch weitere Zusammenfassung der Teilausdrücke nach den Regeln 1. bis 2. ergibt sich schließlich der Wert des gesamten Ausdrucks.

Die nachstehende Liste zeigt die Hierarchie der Datentypen:

```
                        long double
                          double
                           float
                       unsigned long
                         long int
                       unsigned int
                            int
              char                      short int
```

Leider sind unsere Regeln unpräzise. Wir geben deshalb eine vollständige Umwandlungs-
tabelle (nächsten Seite) für binäre Ausdrücke an. Dabei gelten folgende Abkürzungen:

c	= **char**	li	= **long int**
si	= **short int**	uli	= **unsigned long**
i	= **int**	f	= **float**
usi	= **unsigned short**	d	= **double**
ui	= **unsigned int**		

■ **Beispiele:**   c + c   →   i

si + i   →   i

i + f   →   d

usi + usi →   ui

f + f   →   d   ■

Viele mathematische Funktionen erwarten **double**-Argumente. Wenn Sie beispielsweise
die Wurzel aus dem Wert einer **int**-Variablen ziehen, müssen Sie das Argument zunächst
in einen **double**-Wert umwandeln. Hierzu dient der cast-Operator „(typ)".

	c	i	si	li	ui	usi	uli	f	d
c	i	i	i	li	ui	ui	uli	d	d
i	i	i	i	li	ui	ui	uli	d	d
si	i	i	i	li	ui	ui	uli	d	d
li	li	li	li	li	uli	uli	uli	d	d
ui	ui	ui	ui	uli	ui	ui	uli	d	d
usi	ui	ui	ui	uli	ui	ui	uli	d	d
uli	uli	uli	uli	uli	uli	uli	uli	d	d
f	d	d	d	d	d	d	d	d	d
d	d	d	d	d	d	d	d	d	d

■ **Beispiel:**

```
int z;

float y;

...

y = sqrt((double) z); // cast-Operator

...
```
■

Die meisten modernen Compiler führen ein internes automatisches Casten aus und erlauben die Schreibweise y = sqrt(z). Natürlich bleibt *z* selbst weiterhin **int**. Die Funktion *sqrt()* liefert als Ergebnis einen **double**-Wert zurück. Bei der Zuweisung an die **float**-Variable *y* erfolgt eine „Zwangsumwandlung" nach **float,** was je nach Compiler-Einstellung zu einer „warning" führt.

■ **Beispiel:**

```
int z;

float y;
...
z = 4 / y;
...
```
■

Der Ausdruck auf der rechten Seite ist nach obiger Tabelle (i + f) vom Typ **double**. Bei der Zuweisung an *z* erfolgt eine „Zwangsumwandlung" nach **int**. Eventuelle Nachkommastellen werden abgeschnitten.

C++-Compiler geben bei impliziten Typumwandlungen nach obigem Muster oft Warnungen (warnings) aus, die jedoch den späteren Programmablauf nicht beeinträchtigen. Möchten Sie warnings vermeiden, sollten Sie explizite Typenumwandlungen mit dem cast-Operator vornehmen.

3.5 Benutzerdefinierte Konstanten

Neben Variablen können auch eigene Konstanten vom Benutzer definiert werden.

Konstantendefinition
```
const <typ> <NAME> = <wert>;
```

Im Programm wird statt des Wertes selbst nur der Name angegeben. <NAME> kann im Programm kein neuer Wert zugewiesen werden.

Um Konstanten von Variablen zu unterscheiden, ist es in C/C++ üblich, Konstanten großzuschreiben.

■ **Beispiel:**

```
const int DIMENSION = 100;

const float C0 = 2.99793E8;  // Lichtgeschwindigkeit

const char BLANK =   ' ';

...

y = 3 * C0 * sin(z);

...
```
■

Die Benutzung von Konstanten bringen folgende Vorteile:

- Die Werte sind an zentraler Stelle (Programmanfang) leicht erkennbar abgelegt. Eine Modifikation des Wertes ist wesentlich leichter möglich, als das gesamte Programm nach den Konstantenwerten durchsuchen zu müssen.

- Es ist sichergestellt, dass im gesamten Programm mit genau dem gleichen Wert gerechnet wird (und nicht vielleicht bei der einen Anweisung eine Dezimalstelle mehr als bei einer anderen Anweisung).

- Durch sinnvolle Namen wird das Programm verständlicher.

Es gibt eine alternative Möglichkeit, Konstanten mit Hilfe des Präprozessors zu erzeugen:

```
#define <NAME> <ersetzung>
```

In diesem Fall wird jedoch kein Speicherplatz belegt. Vielmehr ersetzt der Präprozessor im gesamten Quelltext das Wort <NAME> durch <ersetzung>.

■ Beispiel

```
#include <iostream>
#define PI 3.14159
#define SEK_PRO_TAG (60 * 60 * 24)
using namespace std;
int main(void)
...
float umfang, radius;
long int sek_pro_jahr;
...
umfang = 2 * PI * radius;
sek_pro_jahr = SEK_PRO_TAG * 365;
...                                                                      ■
```

Mit der *#define*-Anweisung lassen sich sogar so genannte Makros schreiben, eine Möglich-keit, auf die wir hier nicht näher eingehen.

3.6 Aufgaben

1) Finden Sie geeignete Datentypen für:

   a) Postleitzahlen   b) Durchschnitt von Klausurnoten
   c) Jahreszahlen   d) Programmsteuervariable
   e) Berechnung von tan(x)   f) Monatstage
   g) Speicherung von ´@´

2) Welche Zahl ist falsch geschrieben:

   a) 2165E2   b) 5.E+8   c) 300000.0E+2   d) 1.0E–4.5   e) .5

3) Geben Sie den Typ des Ergebnisses an:

   a) 2E3 – 20   b) 12 / 3   c) 24 / 5

4) Berechne folgende Ausdrücke:

   a) (**int**) 67.89   b) ceil(–0.5)
   c) 4 / 5 / 2   d) 15 / 16
   e) 90 / 5 * 6   f) 120 / 8 % 7 – 120 % 7 / 8

5) Tippen Sie das Übungsbeispiel zur Berechnung der Quersumme einer dreistelligen Zahl (Kap. 3.1.2) ab und bringen es zur Ausführung. Verändern Sie das Programm so, dass es mit fünfstelligen Zahlen arbeitet.

6) Programmieren Sie die Formeln:

   a) y = a2 + b2 – 2 a b sin(alpha);   alpha in Grad!

   b) $y = 3e^{-x^2} + \sqrt{\frac{1}{7}x}$

7) Es gelte: **char** ch;

                    . . .

                    ch = 't';

   Was liefern folgende Funktionsaufrufe:

   a) isascii(ch)   b) isalnum(ch)   c) isdigit(ch)
   d) isprint(ch)   e) toupper(ch)   f) tolower(ch)

8) Welcher Ausdruck ist falsch? Wie wird ausgewertet (Vorrangstufen!)?

   a) 4.5 > –6.3   b) 5 * 6 / 2.0   c) (3 + 7) = (12 – 2)

   d) p = q = a == 0;   e) p = p || q && a > 0;

9) Was wird ausgegeben (i, j seien **int**-Variablen)?

   a) i = 12;   b) i = 200;

      j = 10;   j = 60;

      cout << (i / j);   cout << (i / j);

      cout << (i % j);   cout << (i % j);

10) Schreiben Sie ein Programm, das einen Geldbetrag als **float**-Wert einliest und dann
    den Euro-Betrag und den Cent-Betrag getrennt als Integer(!)-Werte ausgibt.

   Anleitung: #include <iostream>
                    using namespace std;
                    int main(**void**)
                    {

                       . . .

                       cout << "Geldbetrag: >;
                       cin >> ...;

                       . . .

                       return 0;
                    }

4 Interaktive Ein-/Ausgabe

Die Eingabe von Programmdaten und die Ausgabe von Ergebnissen sind über verschiedene Geräte möglich. So können z. B. Eingaben teils von der Tastatur eingegeben, teils auch aus einer vorbereiteten Datei gelesen und Ausgaben statt auf dem Bildschirm auf einem angeschlossenen Drucker ausgegeben werden. Die Ein- und Ausgabeanweisungen müssen i. a. Angaben über die beteiligten Geräte enthalten. Standard Ein-/Ausgabegeräte sind die Tastatur bzw. der Bildschirm.

Wie wir schon in den vorgestellten Beispielen gesehen haben, erfolgen die Standard Ein-/Ausgabe-Operationen interaktiv während des Programmlaufs. Damit hat der Anwender Möglichkeiten, z. B. auf Eingabefehler unmittelbar zu reagieren oder nach evtl. schon ausgegebenen Zwischenergebnissen weitere Eingaben anzupassen. Aus der zeitlichen Reihenfolge der interaktiven Ein-/Ausgaben weiß der Anwender, an welcher Stelle das Programm gerade abgearbeitet wird. Bei sehr lange rechnenden Programmen ist es sinnvoll, gelegentlich kurze Ausgabemeldungen auf dem Bildschirm vorzunehmen, damit der Anwender den Fortgang der Rechnung verfolgen kann.

Wir befassen uns in diesem Kapitel mit der Standard Ein-/Ausgabe. Nicht-interaktive Schreib-/ Lese-Operationen mit Dateien werden in Kapitel 8 behandelt.

Die Ein-/Ausgabekonzepte von C und C++ unterscheiden sich grundlegend. Da das C++-Konzept flexibler und sicherer ist, stellen wir dieses ausführlicher vor. Das C-Konzept wird hier nur kurz angerissen. Man sollte darauf nur noch zurückgreifen, wenn kein C++-Compiler zur Verfügung steht, oder wenn die eine oder andere systemnahe Anwendung dies nahelegt.

4.1 Standard Ein-/Ausgabe mit C++

Das C++-Ein-/Ausgabe-Konzept arbeitet mit Streams. Darunter ist ein zeichenweiser Datenfluss von einer Datenquelle (z. B. Tastatur) zu einer Datensenke (z. B. Variable) zu verstehen. Allerdings hat es sich eingebürgert, die Datenquellen und -senken selbst als Streams zu bezeichnen. Das ist sicher nicht logisch, aber auch wir wollen uns an diese Bezeichnungsweise halten.

Beispiele für Streams:	Tastatur	Quelle
	Bildschirm	Senke
	Variable	Quelle oder Senke
	Datei	Quelle oder Senke

Machen wir uns das Grobkonzept an einem kleinen Programmbeispiel klar:

```
// BSP_4_1_1
// Ein-/Ausgabe mit Streams
#include <iostream>
#include <ctype>
using namespace std;
int main(void)
{
    char sex;
    cout << "Bist Du maennlich oder weiblich [m/w]? ";
    cin >> sex;
    if(tolower(sex) == 'm') // falls Eingabe:  m oder M
       cout << "Guten Tag, mein Herr\n";
    else                    // sonst
       cout << "Guten Tag, gnaedige Frau" << endl;
    return 0;
}
```

Vermutlich halten Sie bis jetzt *cin* und *cout* für Ein-/Ausgabebefehle. Das ist nicht ganz richtig: Es handelt sich um Streams. Betrachten wir die erste Ausgabeanweisung im obigen Programm:

cout	ist Zielstream (Bildschirm)
<<	ist Ausgabeoperator
„Bist Du ...“	ist Quellstream (Textstring)

Der Ausgabeoperator „<<“ führt die Ausgabe durch. Er veranlasst einen Datenstrom von der Quelle (Textstring) zur Senke (Bildschirm). Ein Blick in unsere Operatorentabelle ($\rightarrow$ Kap. 3.4) belehrt uns, dass es sich eigentlich um den Linksschiebeoperator handelt. C++ erlaubt das

Überladen von Operatoren.

Der Linksschiebeoperator „<<“ ist in diesem Fall bereits Compiler-seitig als Ausgabeoperator überladen, d. h. angewendet auf bestimmte Objekte (Streams) wirkt er anders als ursprünglich vorgesehen ($\rightarrow$ s. Kap. 9.7).

Die meisten Streams sind gepuffert, d. h. die Ein-/Ausgabe erfolgt nicht unmittelbar, sondern über einen Puffer im RAM-Speicher des Rechners. Die Weitergabe an die Datensenke erfolgt erst, wenn der Puffer voll ist. Im obigen Programmbeispiel bedeutet dies, dass unsere erste Ausgabe nicht unmittelbar auf dem Bildschirm erscheinen müsste. Aber:

Bei einer Eingabe über *cin* wird der Ausgabepuffer für *cout* automatisch geleert.

Die übrigen beiden Ausgaben schließen mit '\n' ab. Dies bewegt nicht nur den Cursor auf den Anfang der nächsten Zeile (unter Standard Unix muss dort "\n\r" stehen), sondern leert auch den Puffer. Es ist also ratsam, Ausgabeanweisungen, die keinen Prompt darstellen, also nicht unmittelbar von einer Eingabeanweisung gefolgt werden, mit *endl* abzuschließen.

Die unterschiedliche Positionierung des Cursors in beiden Fällen wirkt sich wie bei der Eingabe erst in der nachfolgenden Ein- oder Ausgabeanweisung aus.

Zum Unterschied von Ausgaben mit und ohne *endl* (Cursor = ■):

Ausgabe:

```
cout << "HALLO" << endl;
```

```
HALLO
■
```

Ausgabe:

```
cout << "HALLO";
```

```
HALLO■
```

Jeder Programmeingabe sollte die Ausgabe eines erklärenden Textes vorausgehen, um den Anwender zu unterstützen. Dazu eignet sich besonders die Konstruktion der „Prompt-Eingabe":

■ **Beispiel**

```
cout << "Gib Zahl ein > "; cin >> a;
```

Bildschirm:

```
Gib Zahl ein > ■
```

↑ Eingabe-Cursorposition   ■

Anmerkung: Häufig schreibt man die beiden C++-Anweisungen in eine Zeile, um damit die „Prompt-Eingabe" zu verdeutlichen.

Statt *endl* kann man alternativ die Escape-Sequenz '\n' benutzen. *endl* ist vorzuziehen, da es automatisch, je nach Bedarf des Betriebssystems, ein '\n' oder ein "\n\r" generiert. **Die Sprache C (ohne ++) kennt jedoch kein *endl*!** Der Manipulator *flush* leert den Puffer ohne Zeilenvorschub.

C++ Manipulatoren zur Ausgabepufferleerung

endl   Leeren des Puffers plus Zeilenvorschub
flush   Leeren des Puffers ohne Zeilenvorschub

■ **Beispiele**

```
cout << "Guten Tag, mein Herr" << endl;
// sofort ausgeben mit Zeilenvorschub
cout << "Guten Tag, mein Herr" << flush;
// sofort ausgeben ohne Zeilenvorschub                    ■
```

> Manipulatoren werden an geeigneter Stelle in den Ein-/Ausgabestrom eingeschoben

Bei unserer Eingabeanweisung

```
cin >> sex
```

entsteht ein Datenstrom von der Quelle Tastatur (*cin*) zur Variablen sex. >> ist der überladene Rechtsshiftoperator (Operatorüberladung, → s. Kap. 9.7).

Überladene C++ Operatoren zur Standard-Ein/Ausgabe

  <<   Ausgabeoperator (Ausgabe-Transferoperator)
  >>   Eingabeoperator (Eingabe-Transferoperator)

Neben *cin* und *cout* unterstützt die IOStream-Bibliothek von C++ noch weitere Standard-Streams, d. h. Streams die normalerweise mit Tastatur und Bildschirm verbunden sind.

Standard Streams

Stream	Anwendung	standardmäßig verbunden mit
cin	Standard-Eingabe	Tastatur
cout	Standard-Ausgabe	Bildschirm
clog	Standard-Protokoll	Bildschirm
cerr	Standard-Fehlerausgabe	Bildschirm

---

clog stellt eine Alternative zu *cout* dar.

> *clog* ist immer ungepuffert.

clog eignet sich damit besonders für Testausgaben bei der Programmentwicklung.

■ **Beispiel**

```
clog << "summe = " << sum;
// auch ohne endl oder flush sofortige Ausgabe                            ■
```

> *cerr* dient der Ausgabe von Fehler und Statusmeldungen.

Fehlermeldungen sollte man statt auf *cout* auf *cerr* schreiben. Zwar sieht man bei der „normalen" Anwendung keinen Unterschied. Einige Betriebssysteme, wie z. B. Unix, erlauben jedoch eine differenzierte Ausgabeumlenkung auf Shellebene.

■ **Beispiel**

```
cerr << "Falsche Eingabe" << endl;
// Fehlermeldung                                                    ■
```

Standard Ein/Ausgaben sind kaskadierbar

■ **Beispiele**

```
// "Normal"-Ausgabe:
cout << "Fuer den Radius ";
cout << rad;
cout << " betraegt der Flaecheninhalt ";
cout << area;
cout << endl;
// Ausgabe-Kaskadierung:
cout << "Fuer den Radius " << rad
     << "betraegt der Flaecheninhalt " << area << endl;
// "Normal"-Eingabe:
cin >> anf;
cin >> end;
cin >> step;
// Eingabe-Kaskadierung:
cin >> anf >> end >> step;
```
■

Kaskadierte Ein/Ausgaben erfolgen von links nach rechts.

Statt der Angabe einer Variablen kann in der Ausgabe-Anweisung auch ein Ausdruck stehen, der unmittelbar vor der Ausgabe ausgewertet wird, z. B.

```
cout << (sin(M_PI / 180.0 *(aplha - beta))) << endl;
```

Damit der Ausdruck auswertbar ist, muss allen Variablen vorher ein Wert zugewiesen worden sein. M_PI ist eine vordefinierte Konstante für den Wert von π.

Merke:

Zusammengesetzte Ausdrücke dürfen nur in Ausgabe-Anweisungen stehen!

```
cout << (a / b) << endl;    ⇒ möglich

cin >> (a / b);             ⇒  Fehler!!
```

           (keine Zuweisung an einen Ausdruck möglich)

Aber auch Vorsicht bei der Ausgabe von Ausdrücken

<< und >> sind Operatoren mit einer relativ niedrigen Priorität (→ s. Operatorentabelle Kap. 3.4). Diese bleibt auch bei Überladung. Einige Operatoren besitzen jedoch eine noch geringere. Dies kann zu Komplikationen bei der Ausgabe von Ausdrücken führen.

■ **Beispiel**

```
cout << a | b; // bitweises ODER
// ausgegeben wird der Wert der Variablen a,
// weil << stärker bindet als |
```
■

Sicher ist dies ein ungewolltes Resultat! Deshalb sollte man den auszugebenden Ausdruck immer klammern. Man ist dann auf der sicheren Seite und muss nicht ständig in die Vorrang-Tabelle schauen.

■ **Beispiel**

```
cout << (a | b);
// ausgegeben wird der Wert des Ausdrucks a | b
```
■

Die Elemente einer Ausgabeliste werden unmittelbar hintereinander ausgegeben:

■ **Beispiel**

```
int i, j;
float x;
...
i = -503;
j = 23;
x = -1.5;
...
```

a)   **Ausgabe:**

```
    cout << i << j << x << endl;
```
                                                                −50323−1.50000e+000

                                                                (unleserlich!)

                                                              Ausgabe:

b)   `cout << i << ' ' << j << ' '`   −503 23 −1.50000e+000
           `<< x << endl;`

                                                                (für Abstände sorgen!)

                                                              Ausgabe:

c)   `cout << " i = " << i`   i = −503 j = 23 x =
           `<< " j = " << j`   −1.50000e+000

```
              << " x = " << x <<           (nebeneinander)
              endl;
```

                                          Ausgabe: (mit erklärendem Text)

```
d)    cout << "i = " << i << endl         i = –503

           << "j = " << j << endl         j = 23

           << "x = " << x << endl;        x = –1.50000e+000

                                          (untereinander)


      cout << endl                        Ausgabe von zwei Leer-

           << endl;                       zeilen                    ■
```

WICHTIG: Brechen Sie niemals einen Text um, der in Hochkommata steht!

4.2 Formatierte Bildschirm-Ausgabe

Die Darstellung der auszugebenden Zahlen haben wir bis hierhin dem Compiler überlassen. Für „quick and dirty"-Ausgaben reicht das aus, nicht aber beispielsweise für exakt formatierte Tabellen. Formatierungen lassen sich in C++ über so genannte Mitgliedsfunktionen (→ s. Kap. 9) oder über Manipulatoren gestalten. Wir stellen hier die zweite Möglichkeit vor. Einige Manipulatoren sind parametrisiert, andere nicht. Die folgende Tabelle zeigt die wichtigsten Ein/Ausgabe-Manipulatoren:

Manipulatoren zur Ausgabe-Formatierung (Auswahl)

dec	Ganzzahl in dezimaler Form ausgeben (Standard)
oct	Ganzzahl in oktaler Form ausgeben
hex	Ganzzahl in hexadezimaler Form ausgeben
setw()	Feldbreite festlegen (für alle Datentypen)
setfill()	Füllzeichen festlegen (Standard ist blank)
setprecision()	Anzahl der signifikanten Stellen bei float-Werten: bei ios::fixed (s. Tab. unten): Stellen nach dem Komma
setiosflags()	Setzen von Formatierungsflags (s. Tab. unten)
resetiosflags()	Löschen von Formatierungsflags (s. Tab. unten)

Jeweils ein Formatierungsflag kann als Parameter an die Manipulatoren *setiosflag()* oder *resetiosflag()* übergeben werden:

Tabelle der wichtigsten Ausgabe-Formatierungsflags

ios::left	Linksbündige Ausgabe (im Feld)
ios::right	Rechtsbündige Ausgabe (im Feld, Standard)
ios::dec	Dezimale Ganzzahlausgabe (Standard)
ios::oct	Oktale Ganzzahlausgabe
ios::hex	Hexadezimale Ganzzahlausgabe
ios::showbase	Basis-Indikator bei Ausgabe anzeigen
ios::showpoint	float-Wert-Ausgabe mit Dezimalpunkt erzwingen
ios::uppercase	Hexadezimale Buchstabenziffern groß schreiben
ios::showpos	Positives Vorzeichen bei Ganzzahlen zeigen
ios::scientific	float-Wert-Ausgabe in Gleitpunktdarstellung
ios::fixed	float-Wert-Ausgabe in Festpunktdarstellung
ios::unitbuf	Alle Stream-Puffer leeren
ios::stdio	cout- und cerr-Puffer leeren
ios::boolalpha	Boolsche Ausgaben mit true und false statt 1 und 0

■ **Beispiele**

1)
```
    cout   << "Rechnungsbetrag" << setw(12) << setfill('.')
           << betrag << ",-- EURO" << endl;
    //     ausgegeben wird z. B.:
    //     Rechnungsbetrag.........120,-- EURO
```
2)
```
    cout   << "Der Hexwert von" << setw(5) << i
           << " betraegt" << setw(10) << hex
           << setiosflags(ios::uppercase) << i << endl;
    //     ausgegeben wird z. B.:
    //     Der Hexwert von 200   betraegt   C8
```

3) Um Verwechslungen auszuschließen, sollte man bei hexadezimalen oder oktalen
    Zahlen die Basis mit ausgeben:
```
    int i = 8;
    cout <<  "Der Hexwert von" << setw(5) << i
         <<  " betraegt" << setw(10) << hex
         <<  setiosflags(ios::showbase)
         <<  setiosflags(ios::uppercase) << i << endl;
    cout <<  "Der Oktwert von" << setw(5) << i
         <<  " betraegt" << setw(10) << oct
         <<  setiosflags(ios::showbase) << i << endl;
    //   ausgegeben wird:
    //   Der Hexwert von  8   betraegt   0x8
    //   Der Oktwert von  8   betraegt   010
```

Ein vorgestelltes 0x kennzeichnet die Basis 16 (hexadezimal),
eine vorgestellte 0 kennzeichnet die Basis 8 (oktal).

```
4)    float a = -3.0;
      float b = 7.2123567:
      cout << a << endl << b << endl;
      cout << setiosflags(ios::fixed)
           << a << endl;
      //       Die Addition von Formatierungsflags ist erlaubt!
      cout << setprecision(4) << b << endl;
      cout << setiosflags(ios::scientific) << b << endl;
      //    ausgegeben wird:
      //    -3
      //    7.21236 (die letzte Stelle wird gerundet)
      //    -3.0
      //    7.2124
      //    7.2124e+000

5)    float x = 123.1234:
      cout << setprecision(5);
      cout << setiosflags(ios::scientific) << x << endl;
      cout << resetiosflags(ios::scientific) ; // wichtig !
      cout << setiosflags(ios::fixed) << setprecision(2) << x
           << endl;
      //    ausgegeben wird:
      //    1.23123e+002
      //    123.12                                                   ■
```

> Binden Sie bei Verwendung von parametrisierten Formatierungs-Manipulatoren (solche mit „()") immer die Headerdatei *iomanip.h* mit ein:
> `#include <iomanip>`

Die mit *setiosflags()* gesetzten Flags bleiben bis zum Programmende gültig, es sei denn, sie wurden mit *resetiosflags()* zurückgesetzt. Ebenso gültig bleiben die nichtparametrisierten Manipulatoren *dec*, *oct* und *hex*. Widersprüchliche Zahlenbasis-Formatbeschreiber schließen sich gegenseitig aus. Wenn Sie beispielsweise die Hexadezimalausgabe wählen, müssen Sie die dezimale nicht explizit zurücksetzen.

4.3 Standard-Eingabe

Bei einer Eingabe-Anweisung wartet das Programm auf die Eingabe der entsprechenden Werte von der Tastatur. Eingaben erreichen das Programm nicht direkt, sondern nur über den Eingabepuffer. Mit der Betätigung der ENTER-Taste wird der Eingabepuffer dem Programm übergeben.

Die eingegebenen Werte werden von links nach rechts 1:1 den Variablen im Eingabestrom zugewiesen.

Eingegebene Zahlen oder Zeichen werden durch so genannte Whitespace-Zeichen voneinander abgetrennt.

Whitespace-Zeichen	
' '	Leerzeichen (blank)
'\n'	neue Zeile
'\r'	Wagenrücklauf (CR)
'\f'	Seitenvorschub
'\t'	horizontaler Tabulator
'\v'	vertikaler Tabulator

In der Regel werden die einzelnen Elemente der Eingabeliste durch ' ' oder '\n' getrennt:

■ **Beispiele**

1) Für die **int**-Variablen *alpha*, *beta* und *gamma* sollen die Werte –7, 109, 34 eingelesen
   werden.
   Möglichkeit:

   a)   **Eingabe:**
   ```
   cin >> alpha >> beta >> gamma;
   ...
   ```
                                               –7 109 34<ENTER>
                                               (einzeilig)

   b)   **Eingabe:**
   ```
   cin >> alpha >> beta >> gamma;
   ```
                                               –7<ENTER>
                                               109<ENTER>
                                               34<ENTER>
                                               (dreizeilig)

   c)   **Eingabe:**
   ```
   cin >> alpha;
   cin >> beta;
   cin >> gamma;
   ```
                                               –7<ENTER>
                                               109<ENTER>
                                               34<ENTER>
                                               (dreizeilig)

   d)   **Eingabe:**
   ```
   cin >> alpha;
         // 1.Wert aus Puffer
   cin >> beta;
         // 2.Wert aus Puffer
   cin >> gamma;
         // 3.Wert aus Puffer
         // und Puffer loeschen
   ...
   ```
                                               –7 109 34<ENTER>
                                               (einzeilig)

2)  ```
    float x, y, z;
    int i, j;
    char c,d;
    ...
    ```
    ```

```
cin >> x;
cin >> y >> i;
cin >> c >> d;
cin >> j >> z;
...
```

Eingabe:

```
        3.89<ENTER>
        -0.002 300<ENTER>
⇒       ab<ENTER>
        24 -2.6e7<ENTER>
```

Im Programm wird zugewiesen:

x ← 3.89

y ← –0.002   i ← 300

c ← 'a'   d ← 'b'

j ← 24   z ← –2.6e7

Anmerkung: Hätte man statt ab<ENTER> eingegeben: a b<ENTER>
               so wäre ebenfalls zugewiesen worden: c ← 'a'   d ← 'b'

Whitespace-Zeichen werden als Trennzeichen verwendet, jedoch aus dem Eingabestrom entfernt. Liest man Elemente vom Typ **char** ein, so kann auf ein Trennzeichen verzichtet werden.

```
3)  int   i1, i2, i3, i4;
    ...
    cin   >> i1;
    z     = alpha * i1;
    cin   >> i2 >> i3;
    k     = i2 - i3;  cin >> i4;
    ...
```

Eingabe:
1. Möglichkeit:

```
    7<ENTER>
    6 5<ENTER>
    4<ENTER>
```

2. Möglichkeit:

```
    7 6 5 4<ENTER>  eine Zeile!  (wegen Eingabepufferung)
```
Zuweisungen im Programm:

i1 ← 7

i2 ← 6   i3 ← 5

i4 ← 4   ■

Die folgende Tabelle zeigt die Eingabe-Manipulatoren:

Manipulatoren zur Eingabe-Formatierung

dec	dezimale Eingabe bei Ganzzahl (Standard)
hex	hexadezimale Eingabe bei Ganzzahl (Standard)
oct	oktale Eingabe bei Ganzzahl (Standard)
ws	Whitespace-Zeichen bei der Eingabe überlesen
setw()	Eingabepuffer begrenzen
setiosflags()	Setzen von Formatierungsflags (siehe unten)
resetiosflags()	Löschen von Formatierungsflags (siehe unten)

Das folgende Eingabe-Manipulationsflag kann sinnvollerweise als Parameter an die Manipulatoren *setiosflags()* oder *resetiosflags()* übergeben werden:

Eingabe-Manipulationsflag

ios::skipws	Whitespace-Zeichen bei der Eingabe überlesen

Whitespace-Zeichen dienen bei der Eingabe, wie gesagt, grundsätzlich als Elementtrenner. Somit ist es nicht so ohne weiteres möglich, Whitespace-Zeichen explizit einzulesen, es sei denn, man setzt ios::skipws zurück.

■ **Beispiele**

1)
```
        char c;
        ...
        cin >> c;
        cout << c;
```
Eingabe: <blank><blank>a<Enter>
Ausgabe: a

2)
```
        char c;
        cin >> resetiosflags(ios::skipws);
        cin >> c; cout << c;
```
Eingabe: <blank><blank>a<Enter>
Ausgabe: <blank>, dann wird die Eingabe abgebrochen   ■

Möchte man Whitespace-Zeichen explizit einlesen, so sollte man besser die Funktion *cin.get()* verwenden. Das folgende Beispielprogramm liest „alles was kommt":

```
// BSP_4_3_1
#include <iostream>
using namespace std;
int main(void)
{
    char ch;
    ch = cin.get(); cout << ch;
    ch = cin.get(); cout << ch;
    ch = cin.get(); cout << ch;
```

```
   ch = cin.get(); cout << ch;
   return 0;
}
```

1) **Eingabe**: abcd<Enter>

   Ausgabe: abcd

2) **Eingabe**: a d<Enter>

   Ausgabe: a d

3) **Eingabe**: <Enter><Enter><Enter><Enter>

   Ausgabe: 4 Leerzeilen

Von praktischem Interesse ist dies v. a. in Verbindung mit Schleifen ($\rightarrow$ s. Kap. 5.2).

4.4 Standard Ein-/Ausgabe mit C

Das Ein-/Ausgabe-Konzept von C unterscheidet sich grundlegend von dem von C++. Ein C++-Compiler unterstützt beide Möglichkeiten. Sie können sich von Programm zu Programm neu entscheiden, welches Konzept Sie verwenden möchten. Allerdings sollten Sie nicht innerhalb eines Programms „mischen", denn auch die C-Ein-/Ausgabe ist gepuffert, jedoch auf eine nicht kompatible Weise, so dass Probleme auftreten könnten.

> Verwenden Sie innerhalb eines Programms entweder **nur** C oder **nur** C++ Ein/Ausgabe-Anweisungen, zumindest bei den formatierten Ein/Ausgaben.

Bei Verwendung des C-Ein-/Ausgabesystems ist die Datei *cstdio.h* einzubinden:

> #include <cstdio>

Wir stellen das C-Konzept nur sehr knapp dar. Bezüglich Standard-Ein-/Ausgabe unterscheiden wir in C die einfachen unformatierten und die formatierten Funktionen *printf()* und *scanf()*.

Zu den einfachsten Anweisungen gehören *getchar()* und *putchar()*. *getchar()* wartet auf die Eingabe **eines** Zeichens und zeigt dieses auf dem Bildschirm an (Echo). *putchar()* gibt ein Zeichen an der aktuellen Cursorposition aus.

Ein kleines Beispielprogramm erläutert die Arbeitsweise:

```
// BSP_4_4_1
#include <cstdio>
using namespace std;
int main(void)
{
   int c;
   c = getchar();
   putchar(c);
```

```
    return 0;
}
// Bei Eingabe von 'w'<Enter>
// lautet die Ausgabe:
// w                                                                        ■
```

Es existiert eine Reihe weiterer Anweisungen zur unformatierten Ein-/Ausgabe. Beispielsweise lässt die Anweisung

puts("Hallo Oma");

auf dem Bildschirm den entsprechenden Text erscheinen.

Wir sollten uns jedoch noch unbedingt mit den wichtigen formatierten Ein-/Ausgabe-Funktionen *printf()* und *scanf()* befassen.

printf() hat prinzipiell folgendes Aussehen:

printf("Control String", Argumentenliste);

Der Control-String kann Textkonstanten und Formatbeschreiber enthalten. Letztere beginnen mit einem %-Zeichen und haben die Funktion von Platzhaltern.

Die folgende Tabelle zeigt die Formatbeschreiber für *printf()*. Bei **double**-Argumenten verwendet man %lf (= **long float**), %ld für **long int**. **Short**-Argumente werden mit h gekennzeichnet, also etwa %hd für **short int**.

Formatbeschreiber	für
%c	ein einzelnes Zeichen
%d	eine **int**-Zahl
%i	eine **int**-Zahl
%x	eine Hexadezimalzahl
%o	eine Oktalzahl
%u	eine vorzeichenlose Dezimalzahl
%f	eine **float**-Zahl in Festkommadarstellung
%e	eine **float**-Zahl in Gleitkommadarstellung
%g	eine **float**-Zahl in %f- oder %e-Darstellung
%s	eine Zeichenkette (String)
%p	einen Pointer
%%	ein Prozentzeichen

■ **Beispiel**

printf("He %c %d %s\n", 'A', 10, "da!");

würde   He A 10 da! <Zeilenvorschub>   ausgeben.   ■

Zwischen %-Zeichen und Formatbefehl kann eine Dezimalzahl stehen, die die Feldweite bestimmt. Die Ausgabe erfolgt rechtsbündig. Steht jedoch ein '–'-Zeichen vor der Zahl, erfolgt die Ausgabe linksbündig.

%05d würde eine Integerzahl mit weniger als 5 Stellen mit vorgestellten Nullen auf die Länge 5 bringen.

%5.7s würde einen String mit mindestens 5 (evtl. incl. blanks) höchstens aber 7 Zeichen ausgeben. Ggf. wird rechts abgeschnitten.

%10.2lf würde eine `double`-Zahl rechtsbündig in 10 Druckpositionen mit 2 Stellen nach dem Dezimalpunkt ausgeben.

In der nachfolgenden Tabelle finden Sie einige praktische Beispiele:

```
int i = 1234;
long j = 1234567;
float x = 123.4567f, y = 1.2345f;
double z = 12.3456789;
char str[10] = "Hey Joe";
printf("%5d", i);
printf("%10ld", j);
printf("%10.2f", x);
printf("%10.2e", x);
printf("%5.2f", y);
printf("%10.5lf", z);
printf("%10s", str);
```

Ausgaben:

```
 1234
1234567
   123.46
1.23e02
 1.23
12.34567
   Hey Joe
```

scanf() ist die entsprechende Eingabe-Funktion. Die eingelesen Zeichen und Zahlen werden automatisch in die internen Formate umgewandelt. Die allgemeine Form von *scanf()* lautet:

scanf("Control String", Argumentenliste);

Der Control-String enthält ausschließlich Formatbeschreiber, keine Texte. Die Formatbeschreiber beginnen mit einem %-Zeichen und entsprechen denen der *printf()*-Funktion. Feldlängenangaben sind jedoch nur bei Strings sinnvoll.

Die folgende Tabelle zeigt die Formatbeschreiber für *scanf()*:

Formatbeschreiber	für
%c	ein einzelnes Zeichen
%d	eine **int**-Zahl
%i	eine **int**-Zahl
%x	eine Hexadezimalzahl
%o	eine Oktalzahl
%h	eine **short int**-Zahl
%f	eine **float**-Zahl
%e	eine **float**-Zahl
%s	eine Zeichenkette (String)
%p	einen Pointer

Beispiel: scanf("%c %d %", &ch, &i, &x);
würde z. B.   a 234 17.987 einlesen
und den Variablen ch, i und x zuweisen.

Der Funktion *scanf()* müssen die Adressen der Variablen übergeben werden, welche die Eingabedaten aufnehmen sollen. Aus diesem Grund muss vor den jeweiligen Variablennamen der Adressoperator & stehen. Adressen werden in C auch Pointer genannt. Mit diesem zu Unrecht (?) gefürchteten Datentyp werden wir uns später genauer befassen (→ s. Kap. 7.2).

Wichtig: durch ein Blank (Leerzeichen) im Control-String wird *scanf()* angewiesen, ein oder mehrere Whitespace-Zeichen in der Eingabekette zu überlesen.

Beispiel: scanf("%c %c %d ", &a, &b, &i);

ignoriert beliebige Blanks und TABs zwischen den eingelesenen Zeichen. Außerdem wird ein evtl. Zeilenvorschub am Ende der Eingabekette eingelesen und ignoriert.

Ein „Non-White-Space-Zeichen", etwa ein Komma, veranlasst *scanf()* zum Einlesen und Ignorieren des entsprechenden Zeichens.

Beispiel: scanf("%d,%d", &i, &j);

erwartet ein Komma als Trennzeichen in der Eingabekette. Wird dieses nicht gefunden, erfolgt ein Abbruch. Mit dem Multiplikationszeichen * statt % kann ein entsprechendes Element in der Eingabekette überlesen werden.

Beispiel: scanf("%d*c%d", &i, &j);

würde bei Eingabe von 10/20 10 für i und 20 für j einsetzen. Das '/'-Zeichen würde überlesen.

Bei Eingabe von Zeichen kann auf Trennzeichen verzichtet werden:

Beispiel: scanf("%c%c%c", &a, &b, &c);

Bei Eingabe von "x y" landet 'x' in a, ' ' in b und 'y' in c.

Beispiel: scanf("%20s", str1);

setzt voraus, dass str1 der Name eines Character-Vektors (String) ist. Bei Eingabe von

ABCDEFGHIJKLMNOPQRSTUVWXYZ

wird UVWXYZ nicht mit eingelesen, da die Feldweite 20 mit dem 'T' endet. Ein zweiter Aufruf von *scanf()* würde den Rest einlesen:

scanf("%s", str2);

Der &-Operator fehlt im Fall von Strings, da Stringnamen bereits Adressen (Pointer) sind.

Achtung: *scanf()* ist nicht in der Lage, einen Prompt auszugeben. Ist ein solcher gewünscht, muss dies vor dem *scanf()*-Aufruf, z. B. mit *printf()*, geschehen.

Beispiel: printf("Eingabe Ganzzahl >");
                      scanf("%d", &zahl);

4.5 Aufgaben

1) Was geben folgende Programme aus?

Geben Sie die Programme ein und testen Sie:

a)
```cpp
#include <iostream>
using namespace std;
int main(void)
{
  int i,j;
  i = 1110;
  j = 60;
  cout << (i / j) << endl;
  cout << (i % j) << endl;
  return 0;
}
```

b)
```cpp
#include <iostream>
using namespace std;
int main(void)
{
  char ch;
  cin >> ch; cout << ch;
  cin >> ch; cout << ch;
  cin >> ch; cout << ch;
  cin >> ch; cout << ch;
  return 0;
}
```

Beachten Sie, dass b) nur eine(!) Variable enthält und auch korrekt arbeitet, wenn alle vier Zeichen auf einmal eingegeben werden.

2) Schreiben Sie ein Programm, das folgenden Dialog erzeugt:

```
Geben Sie eine Integer-Zahl ein: _____
   <leerzeile>
Geben Sie 5 Zeichen ein: _____
   <leerzeile>
Geben Sie eine float-Zahl ein: _____
   <leerzeile>
Es wurde eingegeben:
   <Ausgabe aller eingegebener Werte in einer Zeile>
```

3) a) Schreiben Sie ein Programm, das 2 Zeichen (Type **char**) einliest und die entspre-
    chenden Positionen in der ASCII-Tabelle ausgibt.
   b) Umkehrung: Eingabe von 2 Integer-Werten und Ausgabe der an diesen Stellen be-
    findlichen ASCII-Zeichen.

4) Schreiben Sie ein Programm, das 5 positive Zahlen einliest, jeweils Wurzel und Quadrat
   berechnet und als Tabelle mit 2 Nachkommastellen in folgender Form ausgibt:

```
Zahl         Wurzel     Quadrat

------------------------------------------------

5.00         2.24       25.00

...
```

5) Schreiben Sie ein Programm, das folgendes Muster etwa in der Bildschirmmitte ausgibt:

6) Ein Programm soll folgende Ausgabe erzeugen:

```
Es wurden <n> Messwerte ausgewertet.
```

Für <n> soll der jeweilige Variablenwert (0 < n <= 10000) so ausgegeben werden, dass
keine überflüssigen Blanks vor der Zahl erscheinen. Wie lautet die Ausgabeanweisung?

5 Programm-Ablaufstrukturen

Die bisher vorgestellten Programme wurden stets in der Reihenfolge der codierten Programmanweisungen sequentiell abgearbeitet. Der diesen Programmen zugrunde liegende Strukturblock ist die „Sequenz".

Die Mächtigkeit einer Programmiersprache zeigt sich jedoch erst beim Einsatz von Kontroll- oder Ablaufstrukturen, die in Abhängigkeit von Variablenwerten Abweichungen von der linearen Folge der Anweisungen ermöglichen.

Das sind die grundlegenden Kontrollstrukturen:

Kontrollstrukturen (Programm-Ablaufstrukturen)
Sequenz (Folge)
Iteration (Schleife, Wiederholung)
Selektion (Auswahl)

Die beiden Strukturen Iteration und Selektion lassen sich in weitere Unterstrukturen gliedern.

5.1 Die Selektion

Mit Selektionen lassen sich Fallunterscheidungen treffen, etwa: Falls a > b dann ..., sonst ...
C/C++ stellt eine einfache Verzweigung (**if**) und eine Mehrfachverzweigung (**switch**) bereit.

5.1.1 Die einseitige Verzweigung: if ...

Die Entscheidung zur Verzweigung ist abhängig vom aktuellen Wert eines logischen Ausdrucks:

Die einseitige Verzweigung als Struktogramm

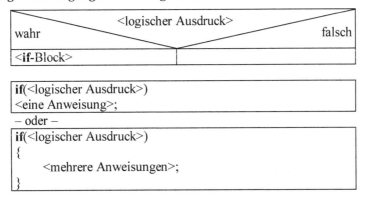

Die nach *if(<logischer Ausdruck>)* folgenden Anweisungen (**if**-Block) werden nur ausgeführt, wenn die Auswertung des logischen Ausdrucks „wahr" ergibt, anderenfalls über-
sprungen. Das Ende des **if**-Blocks muss gegen die nachfolgenden Anweisungen eindeutig
vom Compiler erkannt werden. Daher ist die { ... }-Blockung bei mehr als einer Anweisung
erforderlich. Durch die eingerückte Schreibweise ist die Struktur schon optisch erkennbar.

■ **Beispiele**

a)
```
    if(zahl < 0)
        cout << "Der Wert ist negativ" << endl;
    cout << "Berechnung von y:" << endl;
    ...
```

Fall a)   (falls zahl = –7)   Fall b)   (falls zahl = 5)

Ausgabe: **Ausgabe:**

        Der Wert ist negativ   Berechnung von y:

        Berechnung von y:

b)
```
    if(euro >= 1000000.0)
        millionaer++;
    cout << millionaer << endl;
    ...
```

(falls millionaer = 5 und euro = 3000000.0)

Ausgabe: 6

c)
```
    float x;
    int zugelassen;
    ...
    zugelassen = (x >= 1.0) && (x <= 2.0);
    if(!zugelassen)
    {
        cout << "x wird korrigiert:" << endl;
        x = 1.5;
    }
    cout << x << endl;
```
(Für x = 2.5)

Ausgabe: x wird korrigiert:

                1.5   ■

Das letzte Beispiel enthält die erstaunliche Anweisung

    zugelassen = <logischer Ausdruck>,

wobei die Variable *zugelassen* vom Typ **int** ist. In C/C++ werden logische Ausdrücke mit
einem Wert ungleich 0 (in der Regel 1) bewertet, wenn sie wahr sind, anderenfalls mit 0.

Somit gilt:

> 0 ist unwahr
>
> ungleich 0 ist wahr

int *zugelassen* könnte man auch durch **bool** *zugelassen* ersetzen, sofern der Compiler diesen Datentyp unterstützt.

5.1.2 Die bilaterale Alternative: if ... else

Bei den einseitigen Verzweigungen wird entweder der **if**-Block durchlaufen oder es geschieht gar nichts. Die bilaterale Alternative bietet dagegen einen zweiten Block an (**else**-Block), der abgearbeitet wird, falls der logische Ausdruck „falsch" ergibt.

Die bilaterale Alternative

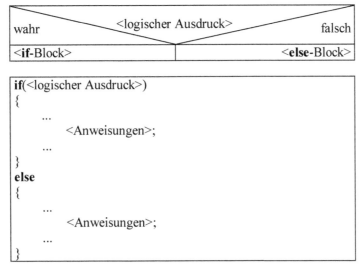

Falls nur eine Anweisung in den jeweiligen Blöcken vorhanden ist, kann die { ... }-Klammerung entfallen.

Beachten Sie in den nachfolgenden Beispielen auch die eingerückte Schreibweise:

■ **Beispiele**

a) cin >> eingabe;
    if((eingabe < 0) || (eingabe > 10))
       cout << "Eingabe ist gueltig" << endl;
    else
       cout << "Eingabe ist falsch" << endl;

b)   **if**(a >= 0.0)
        {
                b = sqrt(a);
                cout   << "Die Wurzel ist reell: "
                          << b << endl;
        }
        else
        {
                b = sqrt(-a);
                cout << "Die Wurzel ist imaginär:"
                << b << 'j' << endl;
        }   ■

■ **Programmbeispiel**

Aufgabe: Es ist zu prüfen, ob eine eingegebene ganze Zahl durch n ohne Rest teilbar ist.
          Das Programm soll entsprechende Meldungen ausgeben. n ist ebenfalls einzu-
          lesen.

Lösung: Wir rechnen in der **int**-Welt. Zur Teilbarkeitsprüfung bietet sich der %-Operator
          an:

```
// BSP_5_1_2_1
#include <iostream>
using namespace std;
int main(void)
{
        int zahl, n;
        cout << "Welche Zahl soll untersucht werden:";
        cin >> zahl;
        cout << "Durch welche Zahl soll geteilt werden:";
        cin >> n;
        cout << endl;            // Leerzeile
        if(!(zahl % n))          // falls zahl % n gleich 0
            cout   << zahl << " ist durch " << n
                   << "teilbar" << endl;
        else
            cout   << zahl << " ist nicht durch " << n
                   << " teilbar" << endl;
        return 0;
}
```

Dialog a)   Welche Zahl soll untersucht werden: 36
              Durch welche Zahl soll geteilt werden: 5
              36 ist nicht durch 5   teilbar

Dialog b)   Welche Zahl soll untersucht werden: 22835
              Durch welche Zahl soll geteilt werden: 4567
              22835 ist durch 4567 teilbar   ■

5.1.3 Die Mehrfach-Fallunterscheidung: switch ...

Nicht immer lässt sich „die Welt einfach in zwei Fälle einteilen". Häufig ist eine differenzierte Auswahl zu treffen, die nur mit mehreren hintereinander angelegten `if ...` `else`-Anweisungen realisiert werden kann. Die meisten Programmiersprachen bieten jedoch spezielle Kontrollstrukturen für die Mehrfach-Fallunterscheidung an. In C/C++ ist dies die **switch**-Konstruktion:

Mehrfach-Fallunterscheidung

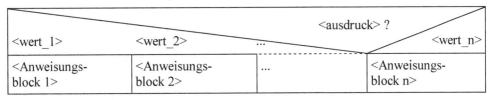

```
switch(<ausdruck>)
{
    case  <wert_1>: <Anweisungsblock 1>;
    case  <wert_2>: <Anweisungsblock 2>;
    ...
    case  <wert_n>: <Anweisungsblock n>;
}
```

– oder –

			<ausdruck> ?	
<wert_1>	<wert_2>	...	<wert_n>	**default**
<Anweisungs-block 1>	<Anweisungs-block 2>	...	<Anweisungs-block n>	<Anweisungs-block>

```
switch(<ausdruck>)
{
    case     <wert_1>: <Anweisungsblock 1>;
    case     <wert_2>: <Anweisungsblock 2>;
    ...
    case     <wert_n>: <Anweisungsblock n>;
    default:           <Anweisungsblock>;
}
```

Nimmt <ausdruck> einen Wert an, der unter den genannten Werten 1 bis n vorkommt, wird der entsprechende Anweisungsblock durchlaufen. Das zusätzliche **default** in der unteren Konstruktion fängt dabei die „Gegenwelt" ab, wenn also keiner der vorangegangenen Fälle zutrifft. Anweisungsblöcke können auch leer sein.

■ **Beispiel**

```
char ch;
...
cout       << "Bitte einen Buchstaben eingeben >";
cin        >> ch;
switch(ch)
{
        case 'a':
        case 'A': cout << "Sie haben a oder A eingegeben"
                       << endl;
        ...
}
```
■

Die Ausgabe erfolgt sowohl im Fall 'a' als auch im Fall 'A'. Trifft nämlich ein Fall zu, so werden von dort an sämtliche Anweisungen bzw. Anweisungsblöcke durchlaufen, unabhängig davon, welche **case**-Anweisung davorsteht. Wenn dies nicht gewünscht wird, muss man diesen Lauf „gewaltsam" beenden. Dazu dient die Kontrolltransfer-Anweisung **break**, die an der entsprechenden Stelle zu einem Abbruch der **switch**-Struktur führt.

■ **Beispiel**

```
int tag;
...
cout << "Nr. des Tages >";
cin >> tag;
switch(tag)
{
        case 1: cout   << "Montag";
                break;
        case 2: cout   << "Dienstag";
                break;
        case 3: cout   << "Mittwoch";
                break;
        case 4: cout   << "Donnerstag";
                break;
        case 5: cout   << "Freitag";
                break;
        case 6: cout   << "Samstag";
                break;
        case 7: cout   << "Sonntag";
                break;
        default:cout   << "Fehler! "
                       << "[1 ... 7] "
                       << "erlaubt"  << endl;
}
Dialog a)          Nr. des Tages >4
                   Donnerstag
```

Dialog b)   Nr. des Tages >12
                          Fehler! [1 ... 7] erlaubt

Beim Dialog a) verhindert beispielsweise die **break**-Anweisung nach *cout << "Donnerstag"* das Durchlaufen der weiteren Anweisungen.   ■

■ **Programmbeispiel**

Ein Programm soll zwei **float**-Zahlen einlesen und je nach eingegebenem Operator-Symbol miteinander verknüpfen und das Ergebnis ausgeben.

> '+':   Addition
>
> '–':   Subtraktion
>
> '*':   Multiplikation
>
> '/':   Division

Wird keines der Rechensymbole eingegeben, soll eine entsprechende Fehlermeldung geschrieben werden. Bei der Division darf der Nenner nicht Null sein!

```cpp
// BSP_5_1_3_1
#include <iostream>
using namespace std;
int main(void)
{
   float r1, r2, erg;
   char op;
   cout << "Gib zwei Real-Zahlen ein >";
   cin >> r1 >> r2;
   cout << "Operator ? [+-*/] >";
   cin >> op;
   switch(op)
   {
     case '+': erg = r1 + r2;
               cout << "Die Summe ist " << erg
                    << endl;
               break;
     case '-': erg = r1 - r2;
               cout << "Die Differenz ist " << erg
                    << endl;
               break;
     case '*': erg = r1 * r2;
               cout << "Das Produkt ist " << erg
                    << endl;
               break;
     case '/': if(r2 == 0.0)
                   cout << "Nenner ist Null!" << endl;
               else
```

```
                    {
                            erg = r1 / r2;
                            cout    << "Der Quotient ist "
                                    << erg << endl;

                    }
                    break;
          default:  cout << "Ungueltiger Operator" << endl;
      }
      return 0;
}
```
                                                                                    ■

5.2 Die Iteration

Iterationen oder Schleifen bedeuten eine ungeheure Erleichterung bei der Programmierung sich wiederholender Vorgänge. C/C++ bietet drei verschiedene Schleifen-Strukturen an, zwischen denen sich der Programmierer, je nach Aufgabenstellung, entscheiden kann.

5.2.1 Die Zählschleife: `for` ...

Liegt die Zahl der Schleifenwiederholungen bereits vor Eintritt in die Schleife fest, können wir die Zählschleife einsetzen. Sie ist zweckmäßig in Fällen, bei denen z. B. mehrere gleichartige Komponenten die gleiche Datenbehandlung erfahren sollen. Die Zählschleife ist eine „abweisende" Schleife, weil die Zahl der Durchläufe auch 0 sein kann. In diesem Fall wird die Schleife gar nicht ausgeführt.

Zählschleife

```
for(<Ausdruck1>;  <Ausdruck2>;  <Ausdruck3>)
    Schleifenkern
```

<Ausdruck1> ist die Initialisierung. Sie wird einmal zu Beginn der Schleife ausgeführt.

<Ausdruck2> enthält die Schleifenbedingung, die bei jedem Schleifendurchlauf mit wahr oder falsch bewertet wird. Solange sie wahr ist, wird die Schleife erneut durchlaufen.

<Ausdruck3> wird nach Ausführung des Schleifenkerns jedesmal bewertet bzw. ausgeführt.

Alle drei Ausdrücke dürfen auch aus mehreren Anweisungen bestehen. In solchen Fällen werden die einzelnen Anweisungen durch Kommata (,) getrennt.

Die Ausdrücke 1, 2 oder 3 dürfen fehlen. Die Semikolons jedoch dürfen nicht fehlen. Extrembeispiel: **for**(;;) bewirkt eine Endlosschleife.

Der Schleifenkern wird geklammert { ... }, wenn er aus mehr als einer Anweisung besteht.

■ **Typische Fälle**

a) aufwärts zählend:

```
for(<laufvariable> = <startwert>; <Bedingung>; <laufvariable erhöhen>)
        {
        ...
        <Schleifenkern>
        ...
        }
```

b) abwärts zählend:

```
for(<laufvariable>=<startwert>; <Bedingung>;<laufvariable erniedrigen>)
        {
        ...
        <Schleifenkern>
        ...
        }
```

                                                                                                         ■

Falls der Schleifenkern nur aus einer Anweisung besteht, darf die { ... }-Klammerung fehlen, da keine Missverständnisse auftreten können.

Die Laufvariable kann von beliebigem Datentyp sein. In der Regel ist sie ganzzahlig und wird dann auch Schleifenindex genannt.

Der Schleifenkern kann beliebige Strukturblöcke enthalten.

■ **Beispiele**

a)
```
        BSP_5_2_1_1
        #include <iostream>
        using namespace std;
        int main(void)
                //Aufaddieren von n eingegebenen int-Werten
        {
                int i,n,zahl,summe;
                cout << "Anzahl der Eingaben >"; cin >> n;
                summe = 0; // Initialisierung
                for(i = 1; i <= n; i++)
                {
                        cout << '>'; cin >> zahl;
                        summe += zahl; //summe = summe + zahl
```

```
                    }
                    cout << "Die Summe ist: " << summe << endl;
                    return 0;
                }
```

Dialog: Anzahl der Eingaben >3
                 >12
                 >6
                 >8
                 Die Summe ist: 26

b)   ...
```
                 for(k = 2; k >= -2; k--)
                     cout << k << " mal " << k << " = " << k*k;
```

Ausgabe:
```
                 2 mal 2 = 4
                 1 mal 1 = 1
                 0 mal 0 = 0
                 -1 mal -1 = 1
                 -2 mal -2 = 4
```

c)
```
                 for(z = 'A'; z <= 'F'; z++)
                     cout << z;
                 cout << endl;
```
Ausgabe: ABCDEF
                 ■

jedoch:
```
                 for(z = 'A'; z <= 'F'; z++)
                     cout << z << endl;
```
Ausgabe: A
                 B
                 C
                 D
                 E
                 F
                 ■

d)
```
                 for (k = 1; k <= 10; k++) cout << endl;
```
                                                                            ■
⇒ Ausgabe von 10 Leerzeilen

Treten in Schleifen rekursive Ausdrücke auf wie bei Beispiel a:

    summe += zahl;

so muss die Variable *summe* vor dem Eintritt in die Schleife einen Startwert erhalten, d. h. die Variable muss initialisiert werden:

    summe = 0;

Derartige Initialisierungen sind typisch für Schleifenkonstruktionen.

■ Programmbeispiel 1

Aufgabe: Eine eingegebene positive Integer-Zahl ist auf ihre Teiler hin zu untersuchen.
Jeder Teiler soll ausgegeben werden.

Lösung:

```
// BSP_5_2_1_2
#include <iostream>
using namespace std;
int main(void)
{    int n,j;
     cout << "Eingabe einer ganzen Zahl >0: "; cin >> n;
     for(j = 2; j <= (n-1); j++)
        if(!(n % j))        //falls (n % j) = 0
           cout << j << " ist ein Teiler von "
                << n << endl;
     return 0;
}
```

Beachten Sie, dass im obigen Beispiel weder bei der **for**-Schleife noch bei der **if**-Kon-
struktion eine { ... }-Klammerung erforderlich ist, da sie jeweils nur eine Anweisung enthalten! Der **if**-Block zählt für die **for**-Schleife immer nur als eine einzige Anweisung, egal
wieviele Anweisungen er selbst enthält. Im obigen Beispiel ist es allerdings nur eine.

■ Programmbeispiel 2

Aufgabe: Von 10 eingegebenen Integer-Werten ist die größte Zahl zu finden und auszugeben.

Lösung:

```
// BSP_5_2_1_3
#include <iostream>
using namespace std;
int main(void)
{
     int eingabe, max, i;
     cout << "Gib 10 Integer-Werte ein >";
     cin >> max;           // 1. Zahl
     for(i = 2; i <= 10; i++)
     {
         cout << '>'; cin >> eingabe;
         if(eingabe > max)
            max = eingabe;
     }
     cout << endl;
     cout << "Das Maximum ist " << max
          << endl;
     return 0;
}
```

Zählschleifen eignen sich besonders gut für die Verarbeitung von indizierten Größen wie Vektoren, Matrizen oder sonstigen Feldern. Hier dient der Index als Laufvariable, so dass ein Ansprechen einzelner Feldelemente möglich ist. Felder werden in Kap. 7.1 behandelt.

5.2.2 Bedingungsschleifen

Ein Nachteil von Zählschleifen ist die Festlegung auf die Anzahl der Schleifendurchläufe. Häufig ergeben sich während eines Schleifendurchlaufs neue Bedingungen, die vielleicht mehr oder weniger weitere Durchläufe erfordern. So ist es z. B. sinnvoll, bei einem mathematischen Näherungsverfahren nach jedem neuen Iterationsschritt zu prüfen, ob nicht schon die geforderte Genauigkeit des Ergebnisses erreicht ist. Weitere Schleifendurchläufe sollten dann nicht mehr ausgeführt werden.

Soll z. B. eine Schleifenkonstruktion falsche Eingaben abfangen, lässt sich natürlich nicht im Voraus festlegen, wie oft die Schleife wiederholt werden muss, um eine gültige Eingabe zu erhalten.

Die notwendige Flexibilität für die Anzahl der Schleifendurchläufe bieten die sogenannten Bedingungsschleifen. Die Steuerung der Schleife erfolgt hier über eine Bedingung, die vor oder nach jedem Schleifendurchlauf neu geprüft wird und entweder eine erneute Ausführung des Schleifenkerns bewirkt oder zum Verlassen der Schleife führt.

Je nach Position der steuernden Bedingung innerhalb der Schleife bieten Programmiersprachen zwei Kontrollstrukturen an:

Grundtypen Bedingungsschleifen

1. Abweisende Bedingungsschleife
   – Bedingung am Schleifenkopf
   – Typ „solange Bedingung wahr ... tue"
2. Nicht-abweisende Bedingungsschleife
   – Bedingung am Schleifenende
   – Typ „wiederhole ... solange Bedingung wahr"

5.2.2.1 Die abweisende Bedingungsschleife: while...

Da die steuernde Bedingung am Schleifenkopf liegt, kann die Ausführung abgewiesen werden:

while-Schleife

```
while(<logischer Ausdruck>)
       {
        ...
        <Schleifenkern>
        ...
       }
```

Enthält der Schleifenkern nur eine Anweisung, kann die {...} Klammerung entfallen.

■ **Beispiele**

a) Näherungsverfahren:

```
while(abweichung > 1.0E-6)
{
        <Iterationsschritt>
        ...
        abweichung = fabs(neu-alt);
}
```

Möchten Sie das Beispiel programmieren, müssen Sie wegen der *fabs*-Funktion (Absolutbetrag für **float** oder **double**) zusätzlich <cstdlib> einbinden.

b) Abbruch bei Eingabe von „0":

```
int eingabe,summe;
...
summe = 0; //Initialisierung
cout << ">";
cin >> eingabe;
while(eingabe) //(eingabe != 0)
{
   summe = summe + eingabe;
   cout << ">"; cin >> eingabe;
}
cout << "Summe: " << summe << endl;
```

c) „Abfangen" falscher Eingaben:

```
...
cout << ">"; cin >> wert;
while((wert < 0.0) || (wert > 1.0E5))
{
        cout << "Wert nicht zulaessig!"
             << endl;
        cout << "Neue Eingabe>"; cin >> wert;
}
s = sqrt(wert);
...
```

Möchten Sie das Beispiel programmieren, müssen Sie wegen der *sqrt()*-Funktion (Wurzel) zusätzlich *<cmath>* einbinden.

d) Ausgabe einer Zahlenfolge 0 3 6 9 12 ... 30 Programmende:

```
// BSP_5_2_2_1_1
#include <iostream>

using namespace std;
int main(void)
```

```
    {
       int x;
       x = 0; //Initialisierung
       while(x <= 30)
       {
          cout << x << endl;
          x = x + 3;
       }
       cout << " Programmende" << endl;

       return 0;
    }
```

Diese Aufgabe ließe sich allerdings mit einer **for**-Schleife kürzer lösen! Wie sähe die aus?

e) Dauerschleife:

```
       while(1);
       ...
```

Beachten Sie jeweils die eingerückte Schreibweise, aus der die Struktur schon optisch erkannt werden kann.   ■

■ **Programmbeispiel 1**

Aufgabe: Es sollen die ungeraden Zahlen aufaddiert werden bis die Summe s >= 100 erreicht hat. Welches ist die größte addierte Zahl, wenn mit 1 begonnen wird?

Lösung:

```
// BSP_5_2_2_1_2
#include <iostream>
#define GRENZE 100 //Konstante
using namespace std;
int main(void)
{
    int s = 1, zaehler = 1; //Initialisierung
    while(s < GRENZE)
    {
        zaehler += 2; // zaehler = zaehler + 2;
        s += zaehler; // s = s + zaehler;
    }
    cout << "Die letzte addierte Zahl"
         << " war: " << zaehler << endl;
    cout << "Damit wurde s = " << s
         << endl;
    return 0;
}
```

Ausgabe: Die letzte addierte Zahl war: 19
                Damit wurde s = 100   ■

Enthält die Schleifenbedingung einen relationalen (vergleichenden) Ausdruck wie im obigen Beispiel, ist besonders auf die Unterscheidung von „<" und „<=" (bzw. „>" und „>=") zu achten! Die Auswirkung kann ein zusätzlicher Schleifendurchlauf sein, der ein Programmergebnis unter Umständen entscheidend verändert.

Hätten wir im Beispielprogramm geschrieben

while(s <= GRENZE)

so erhielten wir das (falsche!) Ergebnis:

Die letzte addierte Zahl war: 21

Damit wurde s = 121

Hätten wir aber z. B. als Grenze die Zahl 10 gewählt, so wäre für beide Programmversionen das gleiche Ergebnis (7 und 16) aufgetreten.

MERKE: Enthält eine Schleifenbedingung einen relationalen Ausdruck, so ist es immer eine extra Überlegung wert, ob „<" oder „<=" eingesetzt werden muss!!

Überlegen Sie, welche Veränderungen sich für die Ausgaben ergäben, wenn im Beispiel 1 die beiden Anweisungen im Schleifenkörper (*cout* << ... und *x* = ...) vertauscht wären.

■ Programmbeispiel 2

Aufgabe: Ausdruck einer Funktionstabelle

Das Polynom $y = 2x^3 + 5x^2 - 3x + 2$

soll im Intervall $-3.0 \ <= \ x \ <= \ 3.0$

mit einer Schrittweite von x = 0.5 berechnet und in einer Tabelle ausgegeben werden.

Lösung:

```
// BSP_5_2_2_1_3
#include <iostream>
#include <iomanip>
using namespace std;
int main(void)
// Ausdruck Funktionstabelle
{
    float x, y;
    cout << "        Funktionstabelle"
         << endl;
    cout << "    x-Wert          y-Wert"
         << endl;
    cout << "--------------------------"
         << endl;
    x = -3.0;             //Initialisierung
```

```
    while (x <= 3.0)
    {
        y = 2*x*x*x + 5*x*x - 3*x + 2;
        cout << setw(10)  // siehe Kap. 4.2
             << setiosflags(ios::fixed)
             << setprecision(2)
             << x << setw(15) << y << endl;
        x = x + 0.5;
    }
    return 0;
}
```

Ausgabe:

Funktionstabelle

x-Wert	y-Wert
−3.00	2.00
−2.50	9.50
−2.00	12.00
−1.50	11.00
−1.00	8.00
−0.50	4.50
0.00	2.00
0.50	2.00
1.00	6.00
1.50	15.50
2.00	32.00
2.50	57.00
3.00	92.00

Wie könnte die (elegantere) Lösung mit **for...** aussehen?   ■

■ **Programmbeispiel 3**

Aufgabe: Von einer eingegebenen Textzeile soll festgestellt werden, wieviel blanks vor dem ersten „echten" Zeichen liegen.

```
// BSP_5_2_2_1_4
#include <iostream>
#include <iomanip>
using namespace std;
int main (void)
{
    const char BLANK = ' ';
    int zaehler;
    char c;
    cout << "Geben Sie eine Textzeile ein:" << endl;
    zaehler = 0;
    cin >> resetiosflags(ios::skipws);
```

```
while((cin >> c),(c == BLANK))// ungewohnt aber ok!
// - oder -    while(getchar()== BLANK)
   zaehler++;
cout << "Es gab " << zaehler << "Leerstellen" << endl;
return 0;
}
```                                                                          ■

5.2.2.2 Die nicht-abweisende Bedingungsschleife: *do...while*

Da die Bedingung zur Wiederholung am Ende der Schleife steht, wird diese Schleife in jedem Fall mindestens einmal ausgeführt.

do...while-Schleife

```
do       
         {
             ...
             <Schleifenkern>
             ...
         }
while(<logischer Ausdruck>)
```

Der logische Ausdruck enthält die Bedingung zum Fortsetzen der Schleife.

■ **Beispiele**

a) Programmwiederholung:

```
do
{
    ...
    <Berechnungen>
    ...
    cout >> "neue Rechnung? [j/n]:";
    cin >> nocheinmal;
}
while(nocheinmal != 'n');
```

b) Addition der natürlichen Zahlen bis die Summe mindestens 100 erreicht hat:

```
summe = 0;
i = 0;
do
{
   summe += i++; // summe = summe + i++;
}
while(summe < 100);
cout << "mit " << --i << " Zahlen wurde "
        << summe << " erreicht";
```

c) Näherungsverfahren:

```
do
{
    ...
    <Iterationsschritt>
    ...
    alt_y = ...
    neu_y = ...
    delta = fabs(neu_y - alt_y);
}
while(delta >= epsilon);
```

Möchten Sie das Beispiel programmieren, müssen Sie wegen der *fabs()*-Funktion zusätzlich *<cstdlib>* einbinden.

d) Abfangen falscher Eingaben:

```
do
{
    cin >> buchstabe;
    buchstabe = toupper(buchstabe);
}
while((buchstabe != 'J' || buchstabe != 'N'));
```

Möchten Sie das Beispiel programmieren, müssen Sie wegen der *toupper()*-Funktion zusätzlich *<ctype>* einbinden. Die **do ... while**-Schleife benötigt **immer** Klammern {}.

e) Dauerschleife:

```
do
{
          ...
}
while(1);
```

f) Inkrementieren von Speicherplätzen:

```
// BSP_5_2_2_2_1
#include <iostream>
#include <conio>    //für kbhit(); kein ANSI-Standard!
using namespace std;
int main(void)
{
    short int x;
    cout << "Gib Startwert ein >";
    cin >> x;
    do
```

```
        {
            cout << x << endl;
            x = x + 1;      // oder :  x++;
        }
        while(!kbhit());
        return 0;
    }
```

Das Programm f) läuft solange, bis Sie eine beliebige Taste drücken. Die Funktion *kbhit()* liefert den Wert 0 wenn keine Taste gedrückt worden ist, sonst ungleich 0. Sie wird nicht von jedem Compiler unterstützt. Die ausgegebenen Zahlen steigen an bis zum größten darstellbaren Wert für **short int** und schlagen dann um in den negativen Bereich:

```
    ...
    32766
    32767
 -  32768
    - 32767
    ...
```

Dieser Überlauf des Speichers erfolgt ohne eine Fehlermeldung! Bereichsüberläufe gehören mit zu den unangenehmsten Laufzeitfehlern, da sie in komplexen Rechnungen nicht immer gleich entdeckt werden.
Geben Sie das Programm ein und starten Sie es mit einem Wert von 32700.   ■

Häufig lassen sich **do ... while**- und **while**-Schleifen gegenseitig ersetzen.

■ Programmbeispiel 1

Aufgabe: Formulierung des 1. Programmbeispiels von Kap. 5.2.2.1 mit einer **do ... while**-Schleife.

Lösung:

```
// BSP_5_2_2_2_2
#include <iostream>
#define GRENZE 100
using namespace std;
int main(void)
{
    int s, zaehler;
    s = 1;                      //Initialisierung
    zaehler = 1;                //Initialisierung
    do
    {
        zaehler += 2;
        s += zaehler;
    }
    while(s < GRENZE);
    cout << "Die letzte addierte Zahl"
```

```
            << " war: " << zaehler << endl;
   cout << "Damit wurde s = " << s
            << endl;
   return 0;
}
```

■ **Programmbeispiel 2**

Aufgabe: Berechnung der Wurzel einer eingegebenen reellen Zahl mit dem Verfahren der fortgesetzten Intervallhalbierung.

Lösung:

zahl ist der **float**-Wert, dessen Wurzel gesucht ist. Wir suchen also die Nullstellen x einer Funktion f

$$f(x) = x^2 - zahl.$$

Wir schätzen zwei Startwerte x1 und x2 so, dass die zugehörigen Funktionswerte oberhalb und unterhalb der x-Achse liegen (z. B. f(x1) < 0.0 und f(x2) > 0.0). Wir wissen nun, dass die gesuchte Lösung x zwischen diesen Punkten liegt. Das (x1, x2)-Intervall wird halbiert durch den Punkt xm. xm wird zum neuen x1-Wert oder zum neuen x2-Wert erklärt, je nachdem, ob f(xm) < 0.0 oder f(xm) > 0.0. Dann wird das Verfahren wiederholt.

Der gefundene Näherungswert soll mit der Standardfunktion *sqrt()* verglichen werden.

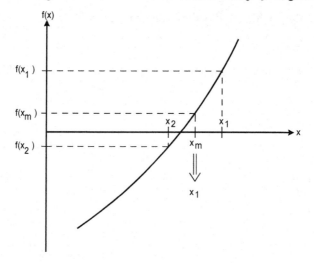

Programm:

```
// BSP_5_2_2_2_3
#include <iostream>
#include <cmath>
using namespace std;
int main(void)
{
```

```
float zahl,x1,x2,eps,fx1,fx2,xm,fxm;
int iter=0;
do
{
   cout << "Eingabe: zahl x1 x2 eps   ";
   cin >> zahl >> x1 >> x2 >> eps;
   fx1 = x1*x1 - zahl;
   fx2 = x2*x2 - zahl;
}
while(fx1*fx2 >=0);
do
{
   iter++;
   xm = (x1+x2)/2;
   fxm = xm*xm - zahl;
   if(fx1*fxm > 0)
      x1=xm;
   else
      x2=xm;
}
while(fabs(x1-x2) > eps);
cout << "Die Wurzel ist     " << (x1+x2)/2 << endl;
cout << "Standardfunktion: " << sqrt(zahl) << endl;
cout << "Iterationen: " << iter << endl;
cout << endl <<"Programmende" ;
return 0;
}
```
■

Dieses Beispiel lässt sich leicht auf andere Nullstellenprobleme übertragen.

5.3 Die Schachtelung von Kontrollstrukturen

Die dargestellten Ablauf-Strukturen enthalten klar abgegrenzte Strukturblöcke, die wir z. B. als „**if**-Block" oder Schleifenkern bezeichnet haben. Diese Strukturblöcke können ihrerseits wieder aus verschiedenen Unter-Kontrollstrukturen bestehen. Aus dem Prinzip eines strukturierten Programmaufbaus folgt die allgemeine Regel für Schachtelungen von Kontrollstrukturen:

Schachtelung von Kontrollstrukturen
– Jede Kontrollstruktur kann weitere (Unter-) Kontrollstrukturen enthalten.
– Es muss eine Hierarchie der Strukturen erkennbar sein.
– Kontrollstrukturen dürfen sich nicht überschneiden.

So kann z. B. ein **else**-Block eine **for**-Schleife enthalten oder ein Schleifenkern der **do...while**-Schleife eine **switch**-Struktur, ein Fall dieser **switch**-Struktur weitere **if**-Blöcke oder Schleifen usw. Verschachtelte Strukturen sind leicht im Struktogramm erkennbar. Im Programmcode treten die unterschiedlichen Hierarchien der Strukturen durch die jeweils eingerückte Schreibweise deutlich hervor.

■ **Beispiel**

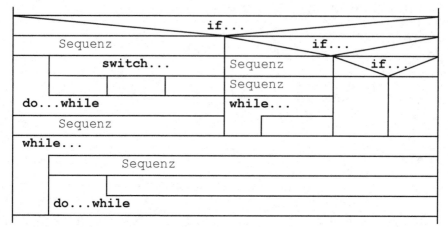

Die Übersetzung in C++ liefert:

```
if...                    //if-1
{
      <sequenz>
      do
      {
            switch
            {
                  <1>:  ...
                        ...
                        break;
                  <2>:  ...
                        ...
                        break;
                  <3>:  ...
                        ...
                        break;
            }
      }
      while...;
      <sequenz>
}
else                     //if-1
{
```

```
        if...            //if-2
        {
                <sequenz>
                <sequenz>
                while...
                {
                        ...
                        ...
                }
        }
        else             //if-2
        {
                if...    //if-3
                {
                        ...
                        ...
                }
                else     //if-3
                {
                        ...
                        ...
                }
        }
}                        //if-1
while...
{
        <sequenz>
        do
        {
                ...
                ...
        }
        while...;
}                                                        ■
```

Verboten:

```
┌─────────────────────────────────────────────┐
│ STRUKTURBLOCK A                               │
│     ┌─────────────────────────────────┐      │
│     │ STRUKTURBLOCK B                 │      │
│     │                                 │      │
│     │                                 │      │
└─────┼─────────────────────────────────┘      │
      └─────────────────────────────────────────┘
```

Denn: Strukturblöcke folgen entweder aufeinander oder sind vollständig ineinander geschachtelt.

Gerade Programmieranfänger „übersehen" oft die Forderung nach einer strukturierten Programmschreibweise. Die Verschachtelung von Strukturblöcken macht ein Programm schnell unübersichtlich, wenn die einzelnen Strukturblöcke optisch nicht klar erkennbar sind. Damit wäre ein Programm unverständlich, fehleranfällig und schwer wartbar.

Die folgenden formalen Regeln sollen helfen, sich einen strukturierten Programmierstil anzueignen:

Empfehlungen zur strukturierten Schreibweise von Programmen

1. Öffnende und schließende geschweifte Klammern stehen stets untereinander in derselben Spalte. Ein Klammerpartner ist immer durch UP-/DOWN-Cursortasten aufzufinden, ohne dabei durch ein anderes Zeichen gestört zu sein,

```
{
    {

    }
}
```

2. Die öffnende Klammer steht allein in einer Zeile an 1. Position direkt unter der Anweisung, die den Block einleitet, z. B.:

```
for(...
{

do
{

if(...
{

while(...
{
```

3. Der Blockinhalt ist um ca. 3 - 4 Leerstellen von der Klammer nach rechts einge-rückt, z. B.:

```
....
{
    i = 5;
```

5.4 Aufgaben

1) Übersetzen Sie folgende Ausdrücke in C:

a) $a < b <= c$ b) $|z - 7| < 10 - 3$

2) Schreiben Sie ein Programm, das eine **float**-Zahl x einliest und diese überprüft:

    – falls 0 < x <= 15.0   ⇒ Ausgabe „Die Zahl liegt im gueltigen Bereich"

    – sonst: ⇒ Ausgabe „Die Zahl liegt nicht im gueltigen Bereich"

3) Wo steckt der Fehler?

```cpp
#include <iostream>
using namespace std;
int main(void)
{
    int alter;
    cout << "Alter ? ";
    cin >> alter;
    if(alter >= 18);
        cout << "Du darfst Auto fahren"
                << endl;
    return 0;
}
```

4) Ein Programm soll die **float**-Größe geld einlesen und untersuchen:

    – falls geld > 0.0:   Ausgabe: „Du hast Geld"

    – falls geld > 100.0:   Ausgabe: „Mach Dir einen schönen Abend"

    – falls geld > 1000000.0:   Ausgabe: „Du bist reich!"

5) Ein Programm soll zwei Buchstaben in einer Zeile einlesen und ausgeben:

    entweder: „Alphabetische Reihenfolge"

    oder :   „Nicht alphabetisch geordnet"

6) Schreiben Sie ein Mengenrabatt-Programm. Es soll der Kaufpreis mehrerer Schreibblöcke ermittelt werden. Es werden folgende Preise mit Mengenrabatt ab 10 Stück berechnet:

    1–9 Stück: à 1.60 Euro

    10–99 Stück: à 1.40 Euro

    >= 100 Stück: à 1.20 Euro

Alle Preise zuzüglich Mehrwertsteuer (MWSt) von 19 %.

Das Programm fragt die Menge ab und gibt den Gesamtpreis aus.

Ferner: „Im Preis sind _____ Euro MwSt. enthalten"

7) Schreiben Sie drei kurze Programme, die die Zahlen von 10 bis 0 untereinander ausgeben,

   a) mit einer **for**-Schleife

   b) mit einer **while**-Schleife

   c) mit einer **do...while**-Schleife

8) Was wird ausgegeben?

```cpp
#include <iostream>
using namespace std;
int main(void)
{
    int i;
    for(i = 1; i <= 10; i++)
        cout << "Tangled up in blue" << endl;
    return 0;
}
```

9) Schreiben Sie ein Programm, das die erweiterte ASCII-Tabelle von ASCII-32 bis ASCII-255 ausgibt. Zeilenaufbau: ....

   ASCII-65: A

   ....

10) Ein Programm soll die geraden Zahlen 0, 2, 4, ..., 100 ausgeben. Ist das mit folgender Schleife möglich?

```cpp
for(j = 0; j <= 100; j++)
{
    cout << j << endl;
    j = j + 2;
}
```

11) Schreiben Sie ein Programm, das eine **unsigned char**-Variable in einer Schleife hochzählt und jeweils in einer Zeile ausgibt. Das Programm soll solange laufen, bis eine Taste betätigt wird.

12) Warum läuft das folgende Programm nicht richtig?

```cpp
//Hier ist der Wurm drin
#include <iostream>
using namespace std;
int main(void)
{
    float summe;
    summe = 0.0;
    do
    {
```

```
        cout << summe;
        summe += 0.1;
    }
    while(summe != 2.5);
    return 0;
}
```

13) Konten-Zinsberechnung:

Eingabe: Einlage, Zinssatz, Laufzeit in Jahren Zinsgutschrift jeweils am Jahresende.

Ausgabe: Gesamtkapital und Gesamtzinsen.

14) Abfangen falscher Eingaben:

Ein Programm soll nur Buchstaben akzeptieren. Bei Eingabe eines anderen Zeichens soll ein Text auf den Fehler hinweisen und erneut die Eingabe erwarten. Bei richtiger Eingabe soll ausgegeben werden: „Richtig!"

15) Textanalyse:

Geben Sie eine Textzeile ein und untersuchen Sie diese auf das Vorkommen des Zeichens 'n'.

Ausgabe: Das Zeichen 'n' kam _____ mal vor.

Anleitung: Benutzen Sie *cin.get()* für die Eingabe und fragen Sie auf '\n' (End of Line) ab.

16) Geben Sie eine Wertetabelle aus für die Funktion:

$y = 3.5 * \sin(0.5 * x * x) - 2.0$

x-Wertebereich: $-4.0 <= x <= 4.0$

Schrittweite für x: 0.5

Hinweis: <cmath> einbinden.

17) Eingabe von 5 **float**-Werten und Ausgabe des größten und des kleinsten Wertes.

18) Ein Programm soll ein Zeichen einlesen und dieses zehnmal hintereinander in einer Zeile wieder ausgeben. Das Programm soll als Schleife aufgebaut sein, also mehrfach durchlaufen werden, bis „Space" (<Leertaste>) eingegeben wird.

19) Schreiben Sie ein Programm zur Berechnung der Fakultät einer eingegebenen ganzen Zahl n (z. B.   5! = 1 * 2 * 3 * 4 * 5 = 120).

20) Die Reihe   1 + 1/2 + 1/3 + 1/4 + ... divergiert („geht" gegen Unendlich). Stellen Sie mit einem Programm fest, wieviel Summanden erforderlich sind, um mindestens zur Summe s = 10 und s = 20 zu gelangen. (Programmabbruch mit <Strg><c>).

21) Bringen Sie nachfolgendes Programm zur Ausführung und korrigieren Sie, falls erforderlich:

```cpp
#include <iostream>
#include <ctype>
using namespace std;
int main(void)
                                    //switch
                                    //Menue-Steuerung
{
    char c;
    cout << "          M E N U E";
    cout << endl;
    cout << "          PASCAL :  [P]"
         << endl;
    cout << "          FORTRAN : [F]"
         << endl;
    cout << "          C/C++ :   [C]"
         << endl;
    cout << "          EXIT :    [E]"
         << endl;
    cout << endl;
    cout << "          Waehlen Sie: ";
    cin >> c;
    c = toupper(c);

    while ((c != 'P') || (c != 'F') || (c != 'C') ||
           (c != 'E'))
        cin >> c;
    cout << endl << endl;
    switch(toupper(c))
    {
      case'P': cout  << "Sie haben PASCAL gewählt"
                     << endl;
               break;
      case'F': cout  << "Sie haben FORTRAN gewählt"
                     << endl;
               break;
      case'C': cout  << "Sie haben C/C++ gewählt"
                     << endl;
               break;
      case'E': cout  << "Das Programm ist beendet"
                     << endl;
    }
    return 0;
}
```

22) Schreiben Sie ein Programm, das von einer eingegebenen Textzeile die Anzahl der Worte zählt und ausgibt. Zwischen den Worten soll ein beliebiger Zwischenraum möglich sein.

23) Schreiben Sie ein Programm, das eingegebene Großbuchstaben in Kleinbuchstaben wandelt und ausgibt.

24) Schreiben Sie ein Programm, das HEX-Zahlen akzeptiert und die entsprechenden Dezimalwerte ausgibt. Benutzen Sie das C-I/O-System (Kap. 4.4).

25) Schreiben Sie ein Programm, das einen eingegebenen Geldbetrag in möglichst große Scheine und Münzen zerlegt.

Ausgabe z. B.:   1 x 200 EUR
                 1 x 100 EUR
                 1 x 20 EUR
                 4 x   1 EUR
                 1 x 50 Ct
                 2 x 20 Ct
                 1 x   2 Ct
           ----

falls Gesamtbetrag = 324.92 EUR

26) Welche Ausgabe wird erzeugt?

```cpp
#include <iostream>
using namespace std;
int main(void)
{
   int i, k = 0;
   for(i = 0; i <= 9; i++)
     if(i % 2) k += i;

   cout << k << endl;
   return 0;
}
```

27) Welche Ausgabe erzeugt das Programm:

```cpp
#include <iostream>
using namespace std;
int main(void)
{
   int a, s;
   s = a = 0;
   do
   {
      s = s + 2 * a + 1;
```

```
        cout << s << endl;
        a = a + 1;
      }
    while(a != 10);
    return 0;
  }
```

28) Wo ist der Fehler?

```
      #include <iostream>
      using namespace std;
      int main(void)
      {
        int n;
        n = 1;
        do
        {
          if(!(n % 3))
          {
          cout << n << endl;
          n++;
          }
        }
        while(n != 20);

        return 0;
      }
```

29) Schreiben Sie ein Programm, das nur die Zeichen '0'... '9' und 'a'... 'z' akzeptiert und
     diese eingegebenen Zeichen je zehnmal nebeneinander auf dem Bildschirm wieder
     ausgibt. Bei Eingabe von '*' soll das Programm abbrechen und die Anzahl der gültigen
     eingegebenen Zeichen ausgeben. Verwenden Sie *cin.get()* zur Eingabe eines einzelnen
     Zeichens, z. B. **char** zeichen;

     ...

     cin.get(zeichen);

6 Modularisierung von Programmen: Functions

Ein praktisches Beispiel: Sie haben ein Programm geschrieben, das aus einer mehrstelligen **int**-Zahl die Quersumme berechnet. Sie möchten die Berechnung nicht nur einmal, sondern wiederholt mit verschiedenen Zahlen nacheinander ausführen. Also muss das Programm als Schleife angelegt werden, z. B.:

```
. . . . . . . . . . . .
do
{
    . . . . . . . .
    . . . . . . . .        //hier steht mein "altes" Programm
    . . . . . . . .
    . . . . . . . .
    cout << "noch einmal? [j/n] >"; cin >> janein;
}
while(toupper(janein) == 'J');
. . . . . . . . . . . .
```

Das gesamte Programm muss als Schleifenkern eingerückt in die Schleifenkonstruktion eingebettet werden. Das ist bei längeren Programmen lästig und wird unübersichtlich!

Die bessere Lösung:

```
. . . . . . . . . . . .
int quersumme(int zahl)
{
    . . . . .
    . . . . .        // hier steht mein "altes" Programm
    . . . . .        // als FUNCTION
}
int main (void)
. . . . . . . . . . . . .
. . . . . . . . . . . . .
do
{
    cout << quersumme(z) << endl;
    cout << "noch einmal? [j/n]: ";
    cin >> janein;
}
while(toupper(janein) == 'J');
. . . . . . . . . . . .
```

Hier haben wir die Rechnung in ein separates Modul, eine FUNCTION *quersumme()* ausgelagert. Das Hauptprogramm bleibt übersichtlich.

Wir verallgemeinern: Wie wir in den vorangegangenen Kapiteln gelernt haben, lässt sich jeder Algorithmus aus den drei Grundstrukturen Sequenz, Selektion und Iteration aufbauen. Bei komplexen Problemen tritt dabei jedoch eine so große Schachtelungstiefe in den Strukturblöcken auf, dass das Programm unübersichtlich wird. Es ist daher günstiger, ein Problem in überschaubae Teilprobleme zu zerlegen und diese als separate Programm-Module zu entwickeln. Die höheren Programmiersprachen unterstützen diese Modularisierung eines Gesamtproblems durch die Unterprogrammtechnik. Auch für Unterprogramme gilt wieder das Schachtelungsprinzip, d. h. ein Programm-Modul kann weitere Unter-Module enthalten bzw. aufrufen. Dies führt zu einer übersichtlichen hierarchischen Programmstruktur.

Die Modularisierung bietet folgende Vorteile:

- Zerlegung von Algorithmen in überschaubare Unteralgorithmen
- Planungsvorgaben, z. B. in Form von Struktogrammen, werden übersichtlicher
- Unterstützung des „top-down"-Programmentwurfs, d. h. schrittweise Verfeinerung vom Grobentwurf zum Feinentwurf
- wiederholter Aufruf eines Moduls spart Speicher und Entwicklungszeit
- einmal entwickelte und ausgetestete Module sind auch in anderen Programmen einsetzbar
- Aufbau von universellen Programmbibliotheken (Librarys) möglich
- bei großen Projekten bessere Unterstützung von Teamarbeit.

■ Beispiel

Bei der Bearbeitung eines mathematischen Problems ist an den mit „x" gekennzeichneten Programmstellen das Lösen einer quadratischen Gleichung erforderlich:

Programmablauf:

a) ohne Unterprogramme (Functions)

```
        Start
          |
        x           //Algorithmus
        x           //quad. Gleichung
        x
          |
        x           //Algorithmus
        x           //quad. Gleichung
        x
          |
        x           //Algorithmus
        x           //quad. Gleichung
        x
          |
        Ende
```

b) mit einem ausgelagerten Unterprogramm:

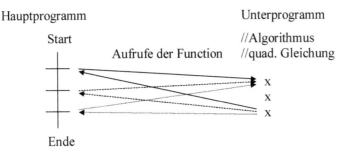

Hauptprogramm   Unterprogramm

Start   //Algorithmus
                     Aufrufe der Function   //quad. Gleichung
                                                  x
                                                  x
                                                  x

Ende

In C/C++ gibt es nur eine Art von Unterprogramm-Modul, die Function.

Realisierung eines Unterprogramm-Moduls in C/C++

- Function: <datentyp> name (<parameterliste>)

Streng genommen existiert überhaupt nur eine Art von Programm-Modul, die Funktion oder Function, denn auch die *main()*-Function ist nach obigem Muster aufgebaut. Wir schrieben: `int` main(**void**)

Dabei ist: `int`   der Datentyp (**return**-Wert) der Function
             `main`   der Name der Function
             void   der Hinweis, dass keine Parameter übergeben werden sollen
                        (**void** = `leer`).

Die Function *main()* unterscheidet sich von allen anderen lediglich durch ihren Namen. Dieser verleiht ihr die Bedeutung eines Hauptprogramms. Unabhängig von ihrer Stellung im Quelltext wird jedes C/C++-Programm immer mit der *main()*-Function gestartet. Fassen wir zusammen:

---

1. ein C/C++-Programm besteht aus einer oder mehreren Funktionen
2. genau eine Funktion heißt *main()*
3. jedes C/C++-Programm wird mit der Funktion *main()* gestartet

---

Funktionen sind uns nicht nur in Gestalt von *main()* sondern auch in Form der vom Compiler angebotenen Standardfunktionen, z. B.

   sin(), sqrt(), abs(), ...

begegnet. Ihre Verwendung setzt lediglich voraus, dass die Headerdatei mit eingebunden wird, in der der sogenannte Prototyp der Funktion definiert ist, z. B. für *sin()*

   #include <cmath>

Was genau unter dem Prototypen zu verstehen ist, erfahren Sie im folgenden Abschnitt.

6.1 Vereinbarungen von Functions

Jedes Programm beginnt mit der Abarbeitung der Anweisungen des Hauptprogramms, d. h. der Funktion *main()*. Der Aufruf einer Funktion ist nur möglich, wenn das entsprechende Modul **vorher** bekanntgemacht worden ist. Funktionen werden in C/C++ nacheinander definiert, d. h. „hingeschrieben". Es ist nicht erlaubt, Funktionen innerhalb von Funktionen zu definieren!

Regeln für den Einsatz von Functions

– Functions müssen hintereinander definiert werden.
– Jede in einem Programm angesprochene Function muss <u>vorher</u> definiert worden sein.

Wir erhalten somit folgenden Aufbau eines C/C++-Programms:

```
C/C++-Programmaufbau (Variante 1)
#include <...>    //evtl. Header-Dateien einbinden
#include <...>
...
#define ...       //evtl. Konstantenvereinbarungen
#define ...
using namespace std;
...
<datentyp> function_1(<Parameterliste>)
   {
      .........
      .........
      .........
   }
<datentyp> function_2(<Parameterliste>)
   {
      .........
      .........
      .........
   }
<datentyp> main(<Parameterliste>)
   {
      .........
      .........
   }
```

Die Funktion *main()* steht am Ende, da sie die anderen Funktionen, mindestens aber eine von ihnen, aufruft. Keine Funktion darf jedoch vor ihrer Vereinbarung aufgerufen werden. Da auch Funktionen ihrerseits Funktionen aufrufen dürfen, kann dies zu unübersichtlichen Situationen führen, so dass sich die folgende Variante des Programmaufbaus empfiehlt:

C/C++-Programmaufbau (Variante 2)
```
#include <...>    //evtl. Header-Dateien einbinden
#include <...>
#define ...       //evtl. Konstantenvereinbarungen
#define ...
using namespace std;
...
<datentyp> function_1(<Parameterliste>);   //Prototyp
                                           //function_1
<datentyp> function_2(<Parameterliste>);   //Prototyp
                                           //function_2

...
<datentyp> main(<Parameterliste>)
   {
       ..........
       .........
       .........
   }
<datentyp> function_1(<Parameterliste>)
   {
       ..........
       .........
       .........
   }
<datentyp> function_2(<Parameterliste>)
   {
       ..........
       .........
       .........
   }
..
```

Wenn der Compiler die so genannten Prototypen der Funktionen kennt, dürfen die entsprechenden Funktionen auch später definiert werden, insbesondere darf man *main()* als erste Funktion definieren, was das Programm besser lesbar macht. Der Prototyp einer Funktion ist prinzipiell nichts anderes als deren Überschrift. Man kopiert mit Hilfe des Editors einfach die einzelnen Funktionsüberschriften an die entsprechende Stelle im Quelltext und fügt ein abschließendes Semikolon hinzu. Bei sehr großen Programmen mit zahlreichen Funktionen empfiehlt es sich, eine eigene Header-Datei (include-Datei) anzulegen, um die Funktions-Prototypen dort zu definieren.

Auch die Konstanten können dort vereinbart werden. Im Gegensatz zu den Standard-Header-Dateien, wie *iostream*, werden selbsterstellte z. B. mit

   #include "mars.h"

eingebunden, also "..." statt <...>. Die <...>-Dateien sucht der Compiler im *include-Verzeichnis*, die "..."-Dateien zunächst im Arbeitsverzeichnis.

In den Standard-Header-Dateien sind u.a. die Prototypen der Standard-Funktionen vereinbart. Dies ist der Grund, warum wir sie bei der Verwendung von Standard-Funktionen mit
einbinden müssen. Alle Standard-Header-Dateien können Sie sich mit Hilfe des Editors
anschauen.

Aus dem Funktions-Prototyp erfährt der Compiler alles, was er zunächst über die entsprechende Funktion wissen muss:

1. den Datentyp (**return**-Wert) der Funktion selbst

2. die Anzahl der Parameter

3. die Datentypen der Parameter.

Damit kann er überprüfen, ob eine Funktion formal korrekt aufgerufen wird.

■ **Beispiel**

Betrachten wir zum Abschluss dieses Abschnitts ein sehr einfaches Beispiel eines Programms mit zwei Funktionen ohne Parameter, *main()* und *spruch()*:

```cpp
// BSP_6_1_1
#include <iostream>
using namespace std;
void spruch(void);   //Prototyp von spruch()
int main(void)       //Hauptprogramm
{
    spruch();
    return 0;
}
void spruch(void) //Funktion spruch()
{
    cout << "Ja wo laufen Sie denn!?" <<  endl;
}
```

Ausgabe:

```
Ja wo laufen Sie denn!?
```

Das Programm wird mit der Funktion *main()* gestartet, welche die Funktion *spruch()* aufruft. Diese gibt ihren Spruch aus und kehrt zu *main()* zurück, welche das Programm mit der
Anweisung **return** 0 fortsetzt bzw. beendet.   ■

6.2 Der Aufbau von Funktionen

Der Aufbau selbstdefinierter Funktionen ist im Prinzip kein Geheimnis mehr, denn alle
bisher betrachteten Programmbeispiele bestehen aus mindestens einer Funktion, nämlich
main().

Aufbau von Funktionen

```
<datentyp> <f_name>(<formale Parameter>)
   {
     ....
     ....                    //Funktions-Anweisungen
     ....
     return <Ausdruck>; // fehlt falls void-Funktion
   }
```

Der Datentyp einer Funktion, z. B. **int**, **char**, **float**, ..., entspricht dem Datentyp ihres Rückgabewerts (**return**-Werts). Das ist der Wert des Ausdrucks, der mit der **return**-Anweisung
an die rufende Funktion, z. B. *main()*, „zurückgeliefert" wird. Was die Funktion sonst noch
leistet, ist für ihren Datentyp unerheblich. Fehlt die **return**-Anweisung, so muss die Funktion vom Typ **void** sein, da sie keinen Wert zurückliefert.

Die Liste der formalen Parameter besteht aus „Platzhaltern" für die Argumente (Werte), die
von der rufenden Funktion, z. B. *main()*, übergeben werden. Diese sogenannten Formalparameter werden innerhalb der Klammer, jeweils durch Kommata getrennt, mit ihrem jeweiligen
Datentyp vereinbart. Innerhalb der Funktion können sie wie „normale" Variablen verwendet
werden.

■ **Beispiel**

```
int maximum(int a, int b, int c)
{
   int max;
   max = a;
   ........
   ........            //weitere Anweisungen
   ........            //innerhalb der Funktion
   ........
   return max;
}                                                                    ■
```

Die Funktion *maximum()* ist vom Typ **int**, weil die **return**-Anweisung einen **int**-Wert
zurückliefert. Die drei Formalparameter *a*, *b* und *c* sind in diesem Beispiel ebenfalls vom
Typ **int**. Das nun folgende Beispiel zeigt die komplette Funktion, eingebettet in ein kom-
plettes Programm.

■ **Programmbeispiel**

Aufgabe: Eine Funktion soll aus 3 **int**-Argumenten das Maximum finden:

```
// BSP_6_2_1
#include <iostream>
using namespace std;
int maximum(int a, int b, int c);    //Prototyp von maximum()
int main(void)                        //"Hauptprogramm"
{
    int i1, i2, i3, m;
```

```
          cout << "Eingabe von 3 Integer-Zahlen: ";
          cin >> i1 >> i2 >> i3;
          m = maximum(i1, i2, i3);
          cout << "Das Maximum ist " << m << endl;
          return 0;
}
int  maximum(int a, int b, int c)
{

          int max;
          max = a;
          if(b > max) max = b;
          if(c > max) max = c;
          return max;

}                                                                            ■
```

Da sich Funktionen mit Rückgabewerten aus Sicht der rufenden Funktion ähnlich wie Variablen verhalten, lassen sich Funktionen auch als Argumente anderer Funktionen einsetzen. Im Beispiel oben hätten wir im „Hauptprogramm" auch schreiben können:

```
    cout << "Das Maximum ist " << maximum(i1, i2, i3) << endl;
```

und damit den Quelltext kompakter gestaltet sowie die Variable *m* eingespart.

Ein einfacher Sonderfall liegt vor, wenn eine Funktion keine Parameter (Übergabewerte) benötigt.

Funktion ohne Parameter

```
<datentyp> <f_name>(void)
   {
   ......
   ......                            //Funktionsanweisungen
   ......
   return <Ausdruck>;               //kann fehlen
   }
```

In diesem Fall muss anstelle der Formalparameter das Wort „**void**" (für leer) in die Parameterklammer geschrieben werden, für uns eine gewohnte Übung, wenn wir an unsere *main()*-Funktionen denken. Beim Aufruf einer solchen parameterlosen Funktion schreibt man ihren Namen, gefolgt von leeren Klammern (), an die entsprechende Stelle im rufenden Programm.

Die Tatsache, dass eine Funktion keine Parameter benötigt, hat nichts mit ihrem Datentyp zu tun. Dieser kann beliebig oder auch **void** sein, wenn die **return**-Anweisung fehlt.

■ **Beispiel**

```
// BSP_6_2_2
#include <iostream>
#define ZEILENLAENGE 25
using namespace std;
void sternenzeile(void);                //Prototyp

int main(void)
{
    int zeilenzahl, j;
    cout << "Wieviel Zeilen ausgeben: ";
    cin >> zeilenzahl;
    for(j = 1; j <= zeilenzahl; j++)
        sternenzeile();                 //Aufruf
    cout << "Programm-Ende" << endl;
    return 0;
}
//function ohne Parameter
void sternenzeile(void)
//schreibt einen Sternenblock
//der Laenge "ZEILENLAENGE"
{
    int i;
    for(i = 1; i <= ZEILENLAENGE; i++)
        cout << '*';
    cout << endl;
    //keine return-Anweisung, daher void
}
```

HP

Funktion

■

Funktionen sind allerdings wesentlich flexibler einsetzbar, wenn Parameter übergeben werden. Fordern wir z. B. im letzten Beispiel, dass die Sternenzeile bei verschiedenen Funktionsaufrufen unterschiedlich lang sein soll, muss „ZEILENLAENGE" als Variable der Funktion übergeben werden.

6.3 Die Parameterübergabe

Die zwischen beiden Modulen ausgetauschten Parameter müssen sowohl bei der Vereinbarung der Funktion als auch beim Aufruf nach Anzahl und Datentyp übereinstimmen. Eine Funktion soll natürlich möglichst universell einsetzbar sein und verarbeitet die übergebenen Parameter „formal" (z. B. allgemeine Lösung einer quadratischen Gleichung). Das aufrufende Programm übergibt dagegen „aktuelle" Parameter (z. B. aktuelle Zahlenwerte), die sich bei wiederholten Aufrufen jeweils der aktuellen Situation des Programms anpassen:

gerufene Funktion: `<datentyp> <f_name>(<formale Parameter>)`

                         `. . .`

aufrufende Funktion: `. . .`

                         `<f_name>(<aktuelle Parameter>);`

                         `. . .`

                         `. . .`

                         `<f_name>(<aktuelle Parameter>);`

                         `. . .`

Beim Funktionsaufruf werden die aktuellen Parameter 1:1 auf die formalen Parameter abgebildet. Die Funktion legt die formalen Parameter auf ihren Datentyp fest:

■ **Beispiel**

```
. . .
void berechne(float a, float b, int c, char d);
int main(void)    //Hauptprogramm
{
   float alpha, beta, x, y;
   int zahl, z;
   char t, s;
   . . .
   . . .
   berechne(alpha, beta, zahl, t);          //1.Aufruf
   . . .
   berechne(x, y, z, s);                     //2.Aufruf
   . . .
   . . .
}
```

Parameterabbildung:

	Datentyp:	float	float	int	char
1.Aufruf:	Aktuelle Parameter	alpha	beta	zahl	t
	formale Parameter:	a	b	c	d
2.Aufruf:	aktuelle Parameter:	x	y	z	s
	formale Parameter:	a	b	c	d

■

Der Aufruf: *berechne(x, y, z, alpha);* hätte zu einem Typverletzungsfehler geführt (*alpha* ist nicht vom Typ **char**) und die Übersetzung wäre mit einer entsprechenden Fehlermeldung abgebrochen worden. Unzulässig wäre auch ein Aufruf *berechne(alpha, beta);* da die Parameterlisten unterschiedlich lang sind (2 statt 4 Aktualparameter).

■ **Programmbeispiel**

Aufgabe: Das Programm „sternenblock" ist so umzuschreiben, dass ein Sterndreieck ausgegeben wird: ********

                           ...

                           ***

                           **

                           *

Lösung:

```
// BSP_5_3_1
#include <iostream>
using namespace std;
void sternenzeile(int breite);        //Prototyp
int main(void)
{
   int zeilenzahl, j;
   cout << "Wieviel Zeilen ausgeben: ";
   cin >> zeilenzahl;
   for(j = zeilenzahl; j >= 1; j--)
        sternenzeile(j);
   cout << "Programm-Ende" << endl;
   return 0;
}
void sternenzeile(int breite)
{
   int i;
   for(i = 1; i <= breite; i++)
      cout << '*';
   cout << endl;
}
```
■

In der Unterprogrammtechnik unterscheidet man zwei Arten der Parameterübergabe. Die Parameter können als W e r t („call by value") oder als R e f e r e n z („call by reference") übergeben werden. Die Unterscheidung wird in der Parameterliste der gerufenen Funktion getroffen.

Achtung: „call by reference" ist nur in C++ möglich, C kennt nur „call by value".

a) „call by value"

Die aktuellen Parameter der rufenden Funktion werden in die formalen Parameter der gerufenen Funktion kopiert. Die Funktion arbeitet mit diesen Kopien. Innerhalb der Funktion
können diese Parameter neue Werte erhalten, ohne dass die originalen (aktuellen) Parameter des rufenden Programms verändert werden. Nachdem die gerufene Funktion beendet ist,
arbeitet die rufende mit den originalen Werten weiter, d. h. die aktuellen Parameter können
nicht durch die gerufene Funktion verändert werden.

Typischer Anwendungsfall: Datenausgabe mit Funktionen   (Datentransfer: $\Rightarrow$)

b) „call by reference"

Hier werden nicht die Werte selbst übergeben, sondern ein Verweis (= reference), wo die
Variablen im Speicher stehen. Modifiziert die gerufene Funktion diese Speicherstellen
(Referenzen) durch neue Wertzuweisungen an den entsprechenden Parametern, so wirkt
sich diese Änderung später in der rufenden Funktion aus. Die gerufene Funktion kann also
auf diese Weise die aktuellen Parameter verändern. Variablen, die „by reference" übergeben werden, müssen in der Parameterliste der gerufenen Funktion besonders gekennzeichnet werden. Dies geschieht durch Verwendung des **Referenzoperators &**.

Funktionsüberschrift mit Referenzparametern
```
<datentyp> <function_name>(<datentyp &parameter_name1,
...>)
```

Beispiel: **void** funci(**int** &oma, **char** &opa, **float** &tante)

Referenzen wird man immer dann wählen, wenn die gerufene Funktion mehr als einen
Wert zurückliefern soll, denn für nur einen Wert genügt die **return**-Anweisung.

Typische Anwendungsfälle: – Dateneingabe mit Funktionen
                              – Modifikation von Daten (Datentransfer: $\Leftarrow$ oder $\Leftrightarrow$).

Arten der Parameterübergabe
„by value":   es werden keine Parameter an die rufende Funktion zurückgeliefert.
„by reference":   durch die gerufene Funktion veränderte Parameter werden an die
                     rufende Funktion zurückgeliefert (nur mit C++ möglich).

Eine Mischung beider Übergabemöglichkeiten ist möglich, d. h. es können bei ein und
demselben Funktionsaufruf einige Parameter „by value", andere „by reference" übergeben
werden.

„call by value" ist prinzipiell für Sie nichts Neues mehr, denn unsere beiden bisherigen
Beispiele mit Parameterübergabe nutzten diesen Mechanismus. Trotzdem soll das Prinzip
noch verdeutlicht werden.

■ **Beispiele**

```
1)    // // BSP_6_3_2
      //call by value
      #include <iostream>
      #include <iomanip>
      using namespace std;
      void by_val_func(int a, int b);
      int main(void)
      {
          int i, k;
          i = 3;
          k = 9;
          cout << i << setw(3) << k << endl;
          by_val_func(i, k);
          cout << i << setw(3) << k << endl;
          return 0;
      }
      void by_val_func(int a, int b)
      {
          a = 2 * a;
          b = -7;
          cout << a << setw(3) << b << endl;
      }
```

⇒ **Ausgabe:**
```
      3   9        ⇐  Hauptprogramm
      6  -7        ⇐  Prozedur
      3   9        ⇐  Hauptprogramm
```

```
2)    //call by reference (BSP_6_3_3)
      #include <iostream>
      #include <iomanip>
      using namespace std;
      void by_ref_func(int &a, int &b);
      int main(void)
      {
          int i, k;
          i = 3;
          k = 9;
          cout << i << setw(3) << k << endl;
          by_ref_func(i, k);
          cout << i << setw(3) << k << endl;
          return 0;
      }
      void by_ref_func(int &a, int &b)
      {
```

```
        a = 2 * a;
        b = -7;
        cout << a << setw(3) << b << endl;
    }
```

⇒ **Ausgabe:**

3	9	⇐	Hauptprogramm
6	7	⇐	Prozedur
6	-7	⇐	Hauptprogramm ∎

Aktuelle Parameter, die „by value" übergeben werden, können auch aus Konstanten oder Ausdrücken bestehen, die beim Prozeduraufruf zu einem Wert auflösbar, d. h. berechenbar sein müssen. Für „by reference"-Parameter gilt das natürlich nicht, da eine Konstante nicht verändert werden kann und ein Ausdruck, z. B. $a + b$, keine Speicheradresse besitzt. „by reference"-Aktualparameter müssen demnach Variablen sein.

6.4 Die return-Anweisung

Es lohnt sich, noch einige Betrachtungen zur **return**-Anweisung anzustellen. Sie hat zwei Aufgaben:

1. Die Funktion wird verlassen (Rücksprung zur aufrufenden Funktion, z. B. *main()*, wenn eine **return**-Anweisung auftritt.

2. Der rufenden Funktion wird ein **return**-Wert vom Datentyp der gerufenen Funktion zurück geliefert (Rückgabewert).

∎ **Beispiele: return** -1;   // Rücksprung aus einer **int**-Funktion

                           // mit Rückgabewert –1

   if(a == b) **return;**   // vorzeitiger Ausstieg aus einer **void**-Funktion

                           // (sollte man vermeiden!)

   return a / b + 1.0;   // Rücksprung aus einer **float**-Funktion,

                           // Ausdruck als Rückgabewert   ∎

Typischerweise erfolgt der Rücksprung aus einer **void**-Funktion ohne **return**-Anweisung automatisch nach Ausführung des letzten Befehls. Wird eine nicht-**void**-Funktion ohne **return**-Anweisung verlassen (sollte vermieden werden), so ist der Rückgabewert 0 oder 0.0.

Aufgrund des Rückgabewerts unterscheidet man 3 grundsätzliche Arten von Funktionen:

1. **return**-Wert = Ergebnis, meist mathematische Funktion wie *sin()*.

2. **return**-Wert = Erfolgssignal einer prozeduralen Funktion, **return**-Wert ist nicht das eigentliche Ergebnis der Funktion, Beispiel: *fwrite()* schreibt Daten auf Diskfile, **return**-Wert = Anzahl der geschriebenen Datensätze.

3. **return**-Wert = Statussignal, Funktion ist rein prozedural wie oben, **return**-Wert sagt etwas über den Verlauf der Funktion (normal/Ausnahmesituation) aus.

■ **Beispiele**

zu 1.:
```
// BSP_6_4_1
// Berechnung des Abstands zweier Punkte im Raum
// gegeben durch die einzulesenden Koordinaten
// x1, y1, z1, x2, y2, z2
#include <iostream>
#include <cmath>
using namespace std;
float abstand(float a1, float a2, float a3, float b1,
float b2, float b3);
int main(void)
{
    float x1, y1, z1, x2, y2, z2, dis;
    cout << "Gib 1. Punkt ein x,y,z: ";
    cin >> x1 >> y1 >> z1;
    cout << "Gib 2. Punkt ein x,y,z: ";
    cin >> x2 >> y2 >> z2;
    dis = abstand(x1, y1, z1, x2, y2, z2);
    cout << endl;
    cout << "Der Abstand betraegt: " << dis << endl;
    return 0;
}
float abstand( float a1, float a2, float a3,
               float b1, float b2, float b3)
{
    float wurzel;
    wurzel = (a1-b1)*(a1-b1) + (a2-b2)*(a2-b2)
             +(a3-b3)*(a3-b3);
    return sqrt(wurzel);
}
```

zu 3.:
```
// BSP_6_4_2
#include <cstdio>  //zur Abwechslung Ein/Ausgaben
                   //unter Verwendung des C-Ein-/
                   //Ausgabesystems
#include <cmath>
using namespace std;
int quadrat(float p, float q);
int main(void)
{
    float s, t, a, b;
    printf("1. Rechnung \n");
    if(quadrat(-24.5, 12.0) == 1)
```

```
            printf("Keine reellen Loesungen!\n");
      s = 7.0;
      t = 16.0;
      printf(("2. Rechnung \n");
      if(quadrat(s / 3.5, -(t + s) * 4.0) == 1)
          printf("Keine reellen Loesungen!\n");
      printf("3. Rechnung \n");
      scanf("%f %f", &a, &b);
      if(quadrat(a, b) == 1)
          printf("Keine reellen Loesungen!\n");
      return 0;
}
int quadrat(float p, float q)//Loesung von x*x + px + q = 0
{
    float w, x1, x2;
    w = p * p / 4.0 - q;
    if(w >= 0.0f)
    {
        x1 = -p / 2.0 - sqrt(w);
        x2 = -p / 2.0 + sqrt(w);
        printf("x1 =%f6.2 x2=%f6.2\n", x1, x2);
        return 0;                    //normaler Verlauf
    }
    else
        return 1;                    //Ausnahmesituation
}
```

Dialog: 1. Rechnung

```
        x1 = 0.50          x2 = 24.00
        2. Rechnung
        x1 =-10.64         x2 = 8.64
        3. Rechnung
        2.5        8.2      ⇐ Eingabe
        Keine reellen Loesungen!
```

                                                            ■

Funktionsaufrufe können in Programmen folgendermaßen auftreten:

1. isoliert, Beispiel: printf("2. Rechnung\n");

2. in einer Zuweisung, Beispiel: dis = abstand(x1, y1, z1, x2, y2, z2);

3. in einem sonstigen Ausdruck, Beispiel: if(quadrat(a, b) == 1) ...

Die folgende Anweisung ist natürlich **nicht** erlaubt:

```
        swap(x, y) = 10; //unzulaessige Anweisung
```

6.5 Der Geltungsbereich von Vereinbarungen

Eine C-Funktion ist ein selbständiger Programmteil. Ein Zugriff von außen auf Teile der Funktion ist nicht möglich, also beispielsweise kein *goto* von außen in die Funktion. (Mit dem *goto*-Befehl lassen sich innerhalb einer Funktion unbedingte Sprünge realisieren. Dies ist eine Unart aus den Anfängen der Programmierung. Deshalb verzichten wir auf die nähere Erläuterung des *goto*-Befehls.) Code und Daten einer Funktion haben keine Wechselwirkung mit anderen Funktionen, es sei denn, Variablen sind als global (s. u.) definiert.

Funktionen dürfen nicht innerhalb von Funktionen deklariert werden. Innerhalb einer Funktion deklarierte Variablen heißen lokale Variablen. Sie sind lokal und temporär, d. h. sie verlieren ihren Wert (Inhalt) zwischen zwei Funktionsaufrufen. Ausnahme: für eine Variable wurde die Speicherklasse *static* vereinbart. *static*-Variablen behalten ihren alten Wert. Beispiel: `static int` zaehler; Formalparameter dürfen innerhalb ihrer Funktion wie andere lokale Variablen behandelt werden. Trotzdem sollte man ihren Inhalt aus Gründen der besseren Übersicht nur dann verändern, wenn es sich um Referenzen (→ s. Kap. 6.3) handelt.

Wir wollen uns zunächst auf Variablen beschränken, um den Unterschied zwischen „lokal" und „global" zu verstehen. Jede in einer Function vereinbarte Variable ist lokal. Andere Functions kennen die dort vereinbarten Variablen nicht, können also nicht auf die lokalen Variablen zugreifen.

Eine globale Variable ist dagegen von überall her zugreifbar.

Ob eine Variable global, lokal oder Formalparameter ist, ergibt sich aus der Plazierung der Deklaration im Programm. Das folgende Beispiel erläutert die verschiedenen Arten der Vereinbarung:

■ **Beispiel**

```
// BSP_6_5_1
#include <iostream>            //Praeprozessoranweisung
using namespace std;
float max(int x, int y);       //Prototypen sind global
int alarmflag;                 //globale Variable
int main(void)                 //kein Formalparameter (void)
{
    float a, b, c;             //lokale Variablen von main()
    alarmflag = 0;             //Zugriff auf globale Variable
    a = 4.234;                 //Anweisungen innerhalb main()
    b = 3.89;
    c = max(a, b);             //Funktionsaufruf von max()
    cout << "Max = " << c << endl;
    if(alarmflag == 1)         //Zugriff auf globale Variable
        cout << "Alarm" << endl;
    return 0;                  //Funktionsdatentyp int
}
```

```
float max(int x, int y)            //Formalparameter x und y
{
    float a;                       //lokale Variable von max()
    if(x > y) a = x;               //Anweisungen innerhalb max()
    else a = y;
    if(a > 100000.0)
        alarmflag = 1;             //Zugriff auf globale Variable
    return a;                      //Funktionsdatentyp float
}
```

Anmerkungen: Die beiden lokalen Variablen namens *a* haben nichts miteinander zu tun. Die Lösung mit der globalen Variablen (*alarmflag*) ist unschön. Sicherer und eleganter wäre ein dritter Parameter als Referenz.   ■

Verallgemeinerung: Geltungsbereich von Vereinbarungen

Die innerhalb einer Funktion vereinbarten Größen sind lokal. Es ist kein Zugriff von der aufrufenden Funktion oder übergeordneten Programmebenen möglich.

In unterschiedlichen Funktionen dürfen lokale Variablen namensgleich sein. Sie repräsentieren trotzdem verschiedene Speicherplätze.

Vereinbarungen, die außerhalb einer Funktion getroffen wurden, sind global. Sie gelten in allen Funktionen, die im Quelltext unterhalb der Vereinbarung stehen, d. h. sie sind dort überall zugreifbar.

Lokale Variablen verdrängen globale: Wird in einer Funktion eine lokale Variable vereinbart, die den gleichen Namen hat wie eine globale, so gilt innerhalb der Funktion die lokale. Sie ist zwar namensgleich, besitzt jedoch eine andere Speicheradresse.

Aus Sicherheitsgründen sollte man auf globale Variablen weitgehend verzichten.

■ **Weitere Beispiele**

```
a)  // BSP_6_5_2
    #include <iostream>
    using namespace std;
    void unter(void);
    int main(void)
    {
        int a;
        a = -500;
        unter();
        cout << a << endl;
        unter();
        return 0;
    }
```

```
    void unter(void)
    {
         int a;
         a = 100;
         cout << a << endl;
    }
```
⇒ **Ausgabe:**   100
             -500
             100

b) ```
    // BSP_6_5_3
    #include <iostream>
    using namespace std;
    int a,b;   // globale Variablen
    void unter(void);
    int main(void)
    {
         a = 3;
         b = 9;
         cout << a << b << endl;
         unter();
         cout << a << b << endl;
         return 0;
    }
    void unter(void)
    {
         int a, c;
         a = b + 2;
         b = a + b;
         c = a - 4;
         cout << a << " " << b << " " << c << endl;
    }
    ```
⇒ **Ausgabe:**    3 9
              11 20 7

■

Während in den Anfängen der Programmierung ein undurchsichtiger Programmcode als besonders „raffiniert" galt, und den Entwickler als genialen Experten auswies, ist heute die Lage grundsätzlich umgekehrt: Ein Programm muss klar aufgebaut, verständlich und nachvollziehbar sein, weil nur so eine Wartung des Programms möglich ist. Benutzen Sie lieber eine Hilfsvariable mehr zur Lösung eines Problems, wenn damit der Programmaufbau transparenter wird! Beispiel b) ist in diesem Sinne kein gutes Programm, weil es unnötigerweise mit globalen Variablen operiert.
    ```

> Benutzen Sie zur Rückgabe von Ergebnissen aus einer Function die **return**-Anweisung oder die Parameterliste (Referenzübergabe), jedoch keine globalen Variablen.

6.6 Rekursionen

C/C++ erlaubt, dass sich eine Function selbst aufruft. In einem solchen Fall sprechen wir von Rekursionen. Rekursive Algorithmen gestatten manchmal eine sehr elegante Beschreibung des Lösungswegs. Typisch sind Anwendungen, bei denen die Lösung eines „n-Problems" auf ein „(n-1)-Problem" zurückgeführt werden kann.

■ **Beispiel**

Fakultätsberechnung: N! = N * (N-1)!

```
long int fakultaet (long int n)
{
    long int faku;
    if(n == 1)
        faku = 1;
    else
        faku = n * fakultaet(n-1);
    return faku;
}
```

Bei jedem erneuten Aufruf des Moduls (Function) werden die bis dahin berechneten Größen und die zu übergebenen Parameter in einem speziellen (begrenzten!) Datenbereich, dem Stack, zwischengespeichert. Nach jeder Rückkehr aus dem Modul werden die Werte vom Stack wieder ins aktuelle Programm zurückkopiert.

Jedes rekursiv lösbare Problem ist auch nicht rekursiv, mit einer Schleife, lösbar.

Für n=6 ergibt sich für obiges Beispiel die folgende Rekursionstiefe (Schachtelungstiefe):

Modul-Aufruf	n	Status	fakultaet
1. Aufruf	6	n → Stack unterbrochen	
2. Aufruf	5	n → Stack unterbrochen	
3. Aufruf	4	n → Stack unterbrochen	
4. Aufruf	3	n → Stack unterbrochen	
5. Aufruf	2	n → Stack unterbrochen	
6. Aufruf	1	ausgeführt bis Ende	1
		Stack → n fortgesetzt bis Ende	2*1=2
		Stack → n fortgesetzt bis Ende	3*2=6
		Stack → n fortgesetzt bis Ende	4*6=24
		Stack → n fortgesetzt bis Ende	5*24=120
		Stack → n fortgesetzt bis Ende	**6*120=720**

Ist die Rekursionstiefe zu hoch oder ist der Stackbereich zu klein, bricht ein rekursives Programm mit dem Fehler „Stacküberlauf" ab. In diesen Fällen muss man das Problem als Iteration (Schleife) formulieren, was, wie gesagt, immer möglich ist.

Rekursive Programm-Module müssen stets eine Abbruchbedingung enthalten!

Typischer Aufbau eines Rekursionmoduls:
```
<datentyp> <f_name>(<Parameterliste)>
  {

     ...
     if(<abbruchbedingung>)
       ....
     else
       <Reduktionsschritt durch rekursiven Aufruf>
       ....

  }
```

Ein Vorteil rekursiver Algorithmen ist ihre knappe und übersichtliche Formulierung. Nachteilig ist, dass diese Programme sehr speicherintensiv sein können und in der Regel langsamer laufen als entsprechende iterative Algorithmen. Außerdem sind sie schwerer zu verstehen.

■ **Programmbeispiel**

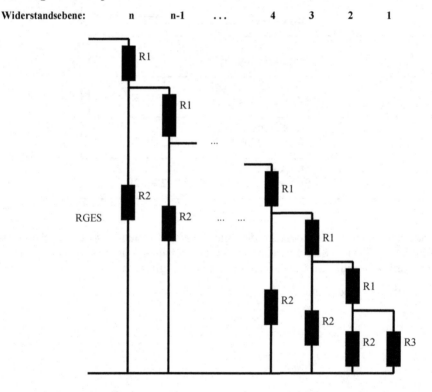

Aufgabe: Es ist der Gesamtwiderstand des Widerstandsnetzwerks zu berechnen.

Idee: rekursive Berechnung in einer FUNCTION
                               widerstand(ebene=n) ⇐ widerstand(ebene=n–1)

Lösung:

```cpp
// BSP_6_6_1
#include <iostream>
using namespace std;
float widerstand(int ebene, float r1, float r2,  float r3);
int main(void)
{
    float w1, w2, w3;
    int n;
    cout << "Gib ein: R1 R2 R3 [Ohm]: ";
    cin >> w1 >> w2 >> w3;   cout << "Anzahl Ebenen: ";
    cin >> n;   cout << endl;
    cout << "Der Gesamtwiderstand ist: "
         << widerstand(n, w1, w2, w3) << " Ohm" << endl;
    return 0;
}

float widerstand(int ebene, float r1, float r2, float r3)
{
    if(ebene ==1)
      return r3;
    else
      return 1 /(1/widerstand((ebene-1), r1, r2, r3) +1 / r2)
             + r1;
}
```

■

In der Funktion *widerstand()* verzichten wir auf eine lokale Hilfsvariable zur Aufnahme des
return-Wertes (vgl. mit der Fakultätsfunktion, Hilfsvariable *faku*). Somit ist unsere Lösung
etwas kürzer, entspricht aber nicht ganz der „reinen Lehre" (nur einmal **return** pro Funktion und immer als letzte Anweisung).
Eine indirekte Rekursion ist gegeben, wenn sich zwei Module gegenseitig aufrufen. Auch
dieses ist möglich.

6.7 Aufgaben

1) Warum führt die nachfolgende Funktion nicht zum gewünschten Erfolg?

```cpp
void tausche(char zeichen1,char zeichen2)
{
    char tmp;
    tmp = zeichen1;
    zeichen1 = zeichen2;
    zeichen2 = tmp;
}
```

2) Unter welchen Umständen darf eine Konstante als Parameter an eine Funktion übergeben werden?

3) Was wir ausgegeben?

```
#include <iostream>
#define J 1
#define K 2
using namespace std;
void unter_a(int &l, int m);
int main(void)
{
  int r, s;
  r = J;
  s = K;
  unter_a(r, s);
  cout << r << s << endl;
  return 0;
}

void unter_a(int &l, int m)
{
    l = K;
    m = 3;
}
```

4) Berechnen Sie mit einem Programm den log-Wert („Zehner"-log) eines eingegebenen
   Wertes. Die Berechnung soll in einer Funktion erfolgen.

5) Aus 3 eingegebenen **int**-Werten soll das Maximum gefunden und ausgegeben werden.
   Verwenden Sie eine Funktion *suche_max()*.

6) Schreiben Sie ein Programm, das ein Feld von a*b Sternen ausgibt. Verwenden Sie eine
   Funktion *drucke()*, die jeweils eine Zeile druckt.

7) Schreiben Sie ein Programm, das aus einer eingegebenen Größe „zeit" Tage, Stunden,
   Minuten und Sekunden berechnet. Die eingegebene Zahl sei in Sekunden. Setzen Sie
   eine Funktion ein.

8) Warum läuft nachfolgendes Programm nicht richtig?

```
//Programm mit Seiteneffekt
#include <iostream>
#include <cmath>
using namespace std;
int hoch4(int &a);
int main(void)
```

```
    {
        int x, ergebnis;
        cout << "Berechnung von x**4 - x" << endl << endl
            << "Gib x ein [Integer]: ";
        cin >> x;
        ergebnis = hoch4(x) - x;
        cout << endl << "Das Ergebnis ist: " << ergebnis
            << endl;
        return 0;
    }

    int hoch4(int &a)
    {
        a = a * a;
        return a * a;
    }
```

9) Berechnen Sie a^b für ganzzahlige b. Arbeiten Sie mit einer Rekursion.

10) Es soll ein Algorithmus entwickelt werden, der die Anzahl der Primzahlen von 2 bis zu einer eingegebenen positiven Zahl n > 2 berechnet und ausgibt. Setzen Sie eine **int**-Funktion ein, die prüft, ob die jeweils untersuchte Zahl eine Primzahl ist.

7 Höhere Datenstrukturen

Die bisher vorgestellten skalaren Datentypen sind bereits in C/C++ vollständig vordefiniert. Zusätzlich kann der Nutzer zusammengesetzte Datenstrukturen einführen.

Höhere Datenstrukturen sollen an zwei wichtigen Beispielen vorgestellt werden:

- Die Zusammenfassung gleichartiger Daten in Feldern, auch Arrays genannt.
- Die Zusammenfassung inhaltlich zusammengehöriger Daten in Strukturen (**struct**).

Außerdem wagen wir einen Blick auf den Datentyp Pointer, der v. a. in der reinen C-Programmierung eine wichtige Rolle spielt und der eine enge Beziehung zu Feldern aufweist.

7.1 Felder

Stellen Sie sich vor, ein Programm verarbeitet 100 (oder mehr!) Messwerte, und Sie müssten für jeden einen individuellen Namen vergeben und diesen auch bei jeder Datenmanipulation hinschreiben! Das wäre sehr mühsam, der Code wäre lang und unübersichtlich.

Eine wesentliche Eigenschaft höherer Programmiersprachen besteht in der Möglichkeit, gleichartige Daten mit einem Index zu versehen und als Feld zu verarbeiten. Die Mächtigkeit der Feldbearbeitung kommt besonders bei Schleifenkonstruktionen zum Tragen: Es werden nur die Indizes in der Schleife verändert, um auf die Feldelemente zuzugreifen.

Um z. B. von 100 gespeicherten Messwerten $x[i]$ das Maximum zu finden, genügen die Zeilen:

```
max = x[0];
for(i = 1; i <= 99; i++)
    if(x[i] > max) max = x[i];
```

Wir unterscheiden zwischen ein- und mehrdimensionalen Feldern.

7.1.1 Eindimensionale Felder

Die Vereinbarung von 1D-Feldern, auch Vektoren genannt, geschieht wie folgt:

Vereinbarung eindimensionaler Felder

<datentyp> <feldname>[<N>] (mit: N = Anzahl der Feldelemente)

Beispiel:

float messwert[1000];

| Achtung: | – Der Indexbereich beginnt immer bei 0 (ist also nicht frei wählbar!) |
| | – Der höchste Index beträgt immer (N–1) |

Vorsicht vor Verwechslungen:

– alpha[k]: k ist Index, alpha ist ein Feld (Array)

– alpha(k): k ist Parameter, alpha ist eine Function

■ **Beispiel einer Feldvereinbarung**

```
int x_wert[20], y_wert[20];
```

Damit sind zwei Felder zu je 20 Komponenten vom Typ **int** verfügbar. Grundsätzlich erfolgt der Zugriff auf Felder über die Komponenten, d. h. indexgesteuert, z. B.

```
x_wert[9] = 12; // x_wert[k] mit 9 als int-Index
```

Die Verarbeitung der Komponenten richtet sich nach den Regeln des jeweiligen <grund-typ>, z. B.

```
y_wert[3] = x_wert[2*j-2] / 3;                        ■
```

■ **Beispiele für Feldvereinbarungen**

```
a)   float x[101];          // 101 float-Werte
     ...                    // Indexbereich 0 bis 100
     x[0] = 0.0;
```

```
b)   unsigned char a[11];   // 11 Byte-Werte
     ...                    // Indexbereich 0 bis 10
     a[4] = 12;
```

```
c)   #define DIMENSION 50
     int i;
     float feld1[DIMENSION];
     float feld2[DIMENSION];
     ...
     for (i = 0; i < DIMENSION; i++)
         feld2[i] = feld1[i] * 5.0;
                                                      ■
```

Das Beispiel c) zeigt die Möglichkeit, Dimensionen als vorher definierte Konstante einzusetzen. Dieses Programm ist besonders wartungsfreundlich: Bei der Änderung der Dimension muss nur zentral an einer Stelle ein Wert geändert werden. Häufig nutzt man dies während der Testphase von Programmen, indem man zunächst mit kleinen Feldern arbeitet und später auf die geforderte Dimension vergrößert. Dimensionen dürfen auch konstante Ausdrücke aber keine Variablen sein!

■ **Beispiele für Feldvereinbarungen**

a)   Eingabe eines **float**-Feldes:
```
...
float gemessen[10];
...
for(i = 0; i <= 9; i++) cin >> gemessen[i];
```

b)   Ausgabe eines Integer-Feldes zu je 5 Werten pro Zeile:
```
...
#define LAENGE 100
...
int i_feld[LAENGE];
...
for(k = 1; k <= LAENGE; k++)
{
    cout << i_feld[k-1];
    if(k % 5 == 0) cout << endl;
}
```

c)   Mittelwertbildung von Werten:
```
...
float z[1000], sum, mittel;
...
sum = 0.0;
for(index = 0; index <= 999; index++)
    sum = sum + z[index];
mittel = sum / 1000.;
```

d)   Übergabe einzelner Feldelemente als Funktions-Parameter:
```
...
float berechne(float a, float b, float c);
                        // Funktionsprototyp
...
float erg, x[11];
...
...
//Aufruf in main():
erg = berechne(x[0], x[4], x[k]);
```

e)   Übergabe von kompletten Feldern als Parameter:
```
...
void auswerte(float v1[ ],float v2[ ],float v3[ ]);
                        // Funktionsprototyp
...
float gemessen[20], berechnet[20], differenz[20];
...
```

```
...
// Aufruf in main():
auswerte(gemessen, berechnet, differenz);
```
■

Im Fall e) werden drei komplette Vektoren an die Funktion *auswerte()* übergeben. Beim Aufruf geschieht dies einfach durch Einsetzen der Vektornamen als Aktualparameter. Bei den Formalparametern (Platzhalter) kann die Dimensionsangabe in den eckigen Klammern fehlen. Übergeben werden in Wahrheit nur die Anfangsadressen der Felder (Adressübergabe, call by adress). Im Ergebnis kommt dies einer Referenzübergabe gleich: Werden nämlich Feldelemente in der Function verändert, so wirken sich diese Änderungen auch auf das entsprechende Feld im rufenden Programm aus. Der Grund: In Wahrheit existiert ein übergebener Vektor nur einmal im Speicher. Der Function wird lediglich dessen Anfangsadresse mitgeteilt. Aus diesem Grund ist es auch sinnlos, bei den Formalparametern eine Dimension einzusetzen. Diese wird vom Compiler ohnehin nicht abgeprüft. Der Programmierer muss selbst darauf achten, dass die Dimensionsgrenzen innerhalb der gerufenen Function nicht überschritten werden!

> Ein Feldname repräsentiert die Anfangsadresse des Feldes, somit ist er ein Pointer (→ s. Kap. 7.2.1), genauer gesagt eine Pointerkonstante.

■ Programmbeispiel 1

Aufgabe: Es ist ein Feld von 100 **int**-Elementen zu erzeugen und mit dem 10-fachen des jeweiligen Index-Wertes zu beschreiben (z. B. feld[7] = 70) und anschließend in umgekehrter Reihenfolge zu je drei Werten pro Zeile auszugeben.

Lösung:
```cpp
// BSP_7_1_1_1
#include <iostream>
#include <iomanip>
#define DIM 100
using namespace std;
int main(void)
{
    int i;
    int feld[DIM];
    for(i = 0; i < DIM; i++)
        feld[i] = i * 10;
    for(i = 0; i < DIM; i++)
    {
        cout << setw(7) << feld[DIM-i-1];
        if(((i+1)% 3) == 0)
            cout << endl;
    }
    return 0;
}
```
■

■ **Programmbeispiel 2**

Aufgabe: Berechnung eines Polynoms
$$y = a[0]x0 + a[1]x1 + a[2]x2 + ... + a[n]xn$$

Lösung: Umständliche x^n-Berechnungen lassen sich durch eine Umformung vermeiden:
$$y = a[0] + x(a[1] + x(a[2] + ... + x(a[n-1] + a[n])...))$$

```cpp
// BSP 7_1_1_2
#include <iostream>
#include <iomanip>
#define MAXGRAD (10 + 1)
using namespace std;
int main(void)
{
    int n, i;
    float x, y;
    float a[MAXGRAD];
    cout << "Eingabe Grad des Polynoms >";
    cin >> n;
    cout << "Eingabe der Koeffizienten >";
    for(i = 0; i <= n; i++)
    {
        cout << "a[" << i << "]: "; cin >> a[i];
    }
    cout << "Eingabe x-Wert: "; cin >> x;
    y = 0;
    cout    << setiosflags(ios::fixed)
            << setprecision(3);
    for     (i = n; i >= 0; i--)
            y = y * x + a[i];
    cout << endl << "y " << y;
    return 0;
}
```
■

Beachten Sie in dem Beispiel oben, dass wir uns mit „MAXGRAD" auf eine feste Index-grenze festlegen mussten. Es ist nicht möglich, mit z. B.

```cpp
float a[n]; // nicht erlaubt, da n eine Variable ist

...

cin >> n;          // auch nicht: cin >> n; float a[n];
```

in der Feldgröße flexibel zu bleiben. Felder sind vom Grundsatz her statisch, allerdings ist es mit Hilfe von Pointern möglich, dynamische Felder während der Laufzeit des Programms „anzufordern" ($\rightarrow$ s. Kap. 7.2.2).

> Grundsätzlich können nur statische Felder vereinbart werden, d. h. Felder haben stets feste Indexgrenzen.

Für die folgenden Beispiele stellen wir eine interessante C/C++-Funktion vor:

C/C++-Funktionen zur Erzeugung von Zufallszahlen

Die C Standardfunktion

```
int rand()
```

erzeugt **int**-Zufallszahlen im Bereich 0 ... 32767. Vor dem ersten Aufruf von *rand()* muss der Zufallsgenerator <u>einmalig</u> initialisiert werden durch die Funktion:

```
void srand(int start)
```

Wird das Programm bei jedem Lauf mit unterschiedlichen Werten für *start* versorgt, liefert ein mehrmaliger Aufruf von *rand()* auch eine unterschiedliche Sequenzen von Zufallszahlen, anderenfalls erhält man stets die gleiche Sequenz von Zufallszahlen.

Beispiel: Es sollen Zufallszahlen x aus dem Bereich $1 \le x \le 100$ erzeugt werden:

```
srand(int(time(NULL))); // Argument: aktuelle Systemzeit

...

x = rand()%100 + 1;
```

Als Startwert des Zufallsgenerators wird hier als „Trick" die sich ständig ändernde Systemzeit time(NULL) benutzt. Diese C-Standardfunktion liefert die Zeit in Sekunden seit dem 1.1.1970 00:00:00 Uhr zurück, so dass jeder Programmlauf unterschiedliche x-Werte liefert.

■ **Programmbeispiel 3**

Aufgabe: Ein Programm soll 20 Integer-Zufallszahlen in einem Feld ablegen. Die Zahlenwerte sollen im Bereich 1...100 liegen. Die Zahlen sollen in einer Funktion erzeugt und dem Hauptprogramm als Parameter übergeben werden, dieses gibt die Werte aus.

Lösung:
```
#include <iostream> // BSP_7_1_1_3
#include <cstdlib>
#include <iomanip>
#include <ctime>                    // wegen time()
#define DIM 20
using namespace std;
void erzeuge_feld(int x[ ]); // Prototyp
int main(void)
{
    int z_feld[DIM];
    int k;
```

```
        srand(int(time(NULL))); // nur einmal aufrufen!
        erzeuge_feld(z_feld);
        for (k = 0; k < DIM; k++)
            cout << setw(4) << z_feld[k] << endl;
        return 0;
    }
void erzeuge_feld(int x[ ])
{
    int j;
    for(j = 0; j < DIM; j++)
        x[j] = rand()%100 + 1;
}                                                                           ■
```

■ Programmbeispiel 4

Aufgabe: Es ist ein Programm zu schreiben, das Lotto-Zahlen „6 aus 49" generiert. Das Programm soll mehrere Ziehungen erlauben.

Idee: Es muss vermieden werden, dass zwei gleiche Zahlen gezogen werden. Dazu benutzen wir ein Feld *schon_gezogen[50]*. Es wird mit **false** initialisiert. Bei jeder Ziehung einer Zahl, z. B. der Zahl 7, setzen wir
schon_gezogen[7] = **true**;
Das 0. Feldelement wird nicht verwendet. Wird eine Zahl gezogen, deren Feldelement bereits **true** ist, muss die Ziehung wiederholt werden.

Lösung:
```
// BSP_7_1_1_4        --- Lotto 6 aus 49 --
#include <iostream>
#include <iomanip>
#include <cstdlib>
#include <ctime>
using namespace std;
int main(void)
{
    int anzahl, i;
    int x, j;          // 1...49
    int k;             // 1...6
    bool schon_gezogen[50];
    srand(int(time(NULL)));
    cout << "Anzahl der Ziehungen > ";
    cin >> anzahl;
    for(i = 1; i <= anzahl; i++)
    {
        for(j = 1; j <= 49; j++)
        schon_gezogen[j] = false;
        for(k = 1; k <= 6; k++)
        {
            do
```

```
                    x = rand()%49 + 1;
                while(schon_gezogen[x]);
                schon_gezogen[x] = true;
            }
        for(j = 1; j <= 49; j++)
            if(schon_gezogen[j])
                cout << setw(3) << j;
            cout << endl;
        }
        return 0;
    }
```

■

■ **Programmbeispiel 5**

Aufgabe: Sortieren einer Zahlenfolge mit dem „bubble-sort"-Verfahren. Eine Funkti-
                  on erzeuge ein Feld mit Zufallszahlen im Bereich 1...100. Das Feld soll in
                  einer weiteren Funktion aufsteigend sortiert und in einer dritten Funktion
                  ausgegeben werden.

„bubble-sort": Jedes Element *i* des Feldes wird mit seinem Folge-Element *i+1* vergli-
                  chen. Ist das Element *i+1* kleiner als Element *i*, werden diese beiden
                  Elemente getauscht. Der Elementevergeich geschieht in einer Schleife
                  mit *i* als Laufvariable. Das Durchsuchen des Feldes wird solange wie-
                  derholt, bis keine Tauschpaare mehr gefunden werden. Dann ist das Feld
                  vollständig sortiert.

                  Kleine Elemente bewegen sich bei jedem Durchlauf nur jeweils eine
                  Position „nach oben". Bei mehrfachem Durchsuchen steigt ein kleines
                  Element wie eine Blase (bubble) im Wasser auf.

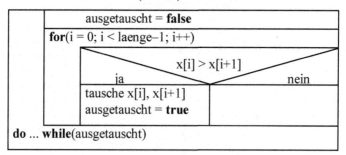

Lösung:

```
//      BSP_7_1_1_3    --- bubble-sort --
#include <iostream>
#include <iomanip>
#include <cstdlib>
#include <ctime>
#define DIM 100
using namespace std;
void tausche (int &a, int &b);          // call by reference
void bubble_sort (int x[ ], int laenge);
```

```cpp
void erzeuge_feld (int zufall[ ], int anzahl);
void feld_ausgeben(int liste[ ], int max);
int main(void)
{
   int zahl[DIM];
   int dim = DIM;
   erzeuge_feld(zahl, dim);
   cout << "Das unsortierte Feld:" << endl;
   feld_ausgeben(zahl, dim);
   bubble_sort(zahl, dim);
   cout << "Das sortierte Feld:" << endl;
   feld_ausgeben(zahl, dim);
   return 0;
}
void tausche (int &a, int &b)            // call by reference
{                                        // Dreieckstausch
    int hilf;
    hilf = a;
    a = b;
    b = hilf;
}
void bubble_sort (int x[ ], int laenge)
{
    int index;
    int oben = laenge - 1;
    bool ausgetauscht;
    do
    {
        ausgetauscht = false;
        for(index = 0; index < oben; index++)
        {
            if(x[index] > x[index+1])
            {
                tausche(x[index], x[index+1]);
                ausgetauscht = true;
            }
        }
        oben--;
    }
    while(ausgetauscht);
}

void erzeuge_feld (int zufall[ ], int anzahl)
{
    int i;
    srand(int(time(NULL)));
    for(i = 0; i < anzahl; i++)
```

```
        zufall[i] = rand()%100 + 1;
}

void feld_ausgeben(int liste[ ], int max)
{
    int i;
    for(i = 0; i < max; i++)
    {
        cout << setw(5) << liste[i];
        if((i+1) % 10 == 0) cout << endl;
    }
    cout << endl;
}
```

Die Ausgabe eines Laufs (Beispiel, da Zufallszahlen):
Das unsortierte Feld:

40	65	43	15	28	23	6	85	11	45
39	24	48	93	84	84	12	100	42	92
19	38	66	56	70	29	78	71	2	30
1	32	67	97	75	68	65	21	70	34
78	93	88	38	41	41	71	66	85	49
29	51	64	69	36	34	98	45	45	43
37	34	80	2	64	53	88	55	60	63
67	12	97	52	8	4	100	72	56	43
75	91	50	32	98	64	98	78	53	21
76	58	3	85	29	44	78	90	14	76

Das sortierte Feld:

1	2	2	3	4	6	8	11	12	12
14	15	19	21	21	23	24	28	29	29
29	30	32	32	34	34	34	36	37	38
38	39	40	41	41	42	43	43	43	44
45	45	45	48	49	50	51	52	53	53
55	56	56	58	60	63	64	64	64	65
65	66	66	67	67	68	69	70	70	71
71	72	75	75	76	76	78	78	78	78
80	84	84	85	85	85	88	88	90	91
92	93	93	97	97	98	98	98	100	100 ∎

7.1.2 Mehrdimensionale Felder

Die Vereinbarung mehrdimensionaler Felder erfolgt einfach durch Zufügung weiterer ecki-
ger Klammern mit Dimensionsangabe:

Vereinbarung mehrdimensionaler Felder
```
<datentyp> <feldname>[<dim1>][<dim2>]...[<dimn>];
```

■ **Beispiel**: Vereinbarung von zwei 3x3-Matrizen:
```
float mat1[3][3], mat2[3][3];
```

Die Verarbeitung mehrdimensionaler Felder erfolgt indexgesteuert. Typisch sind Konstruktionen von zwei geschachtelten **for**-Schleife, z. B.:

```
int i, j, tab[20][4];
...
...
for(i = 0; i < 20, i++)
   for(j = 0; j < 4; j++)
      tab[i][j] = 1;
...
```

■ **Programmbeispiel**

Aufgabe: Generierung einer 6x4-int-Matrix. Die Feldelemente sollen aus ihren Indizes abgeleitet werden gemäß:
```
mat[zeile][spalte] = 10 * zeile + spalte;
```

Die Matrix ist auszugeben. Anschließend ist die gestürzte Matrix (Zeilen und Spalten vertauscht) auszugeben.

Lösung:

```
// BSP_7_1_2_1           --- Erzeugen einer 6x4-Matrix ---
#include <iostream>
#include <iomanip>
using namespace std;
int main(void)
{
    int mat[6][4];
    int zeile, spalte;
    // Beschreiben der Matrix
    for(zeile = 0; zeile < 6; zeile++)
       for(spalte = 0; spalte < 4; spalte++)
          mat[zeile][spalte] = 10 * zeile + spalte;

    // Ausgabe
    for(zeile = 0; zeile < 6; zeile++)
    {
       for(spalte = 0; spalte < 4; spalte++)
          cout << setw(5) << mat[zeile][spalte];
       cout << endl;
    }
    cout << endl << endl;

    // Ausgabe gestuerzt
    for(spalte = 0; spalte < 4; spalte++)
    {
```

```
    for(zeile = 0; zeile < 6; zeile++)
       cout << setw(5) << mat[zeile][spalte];
    cout << endl;
  }
  return 0;
}
```

Ausgabe:

0	1	2	3		
10	11	12	13		
20	21	22	23		
30	31	32	33		
40	41	42	43		
50	51	52	53		
0	10	20	30	40	50
1	11	21	31	41	51
2	12	22	32	42	52
3	13	23	33	43	53

Die Ausgabe der gestürzten Matrix hätte auch mit den folgenden Anweisungen erreicht werden können:

```
// Ausgabe gestuerzt
for(zeile = 0; zeile < 4; zeile++)
{
   for(spalte = 0; spalte < 6; spalte++)
      cout << setw(5) << mat[spalte][zeile];
   cout << endl;
}
```

■

7.1.3 Zeichenketten: Strings

Zeichenketten sind Felder, deren Elemente Einzelzeichen sind. Standard C hat hierfür keinen eigenen Datentyp `string` vorgesehen. Um mit String-Variablen zu arbeiten, muss ein **char**-Array vereinbart werden:

    char <name> [<dimension>];

im Falle eines eindimensionalen **char**-Feldes. Entsprechend besitzt ein mehrdimensionales **char**-Feld mehrere Dimensionsklammern. Von daher besteht kein Unterschied zu sonstigen Feldern. Trotzdem gibt es bei der String-Verarbeitung einige Besonderheiten, auf die an dieser Stelle hingewiesen werden soll.

Mit String-Konstanten haben wir bereits Erfahrung: Es sind alle Ausdrücke im Programm, die durch „Gänsefüßchen" (double quotes) eingeschlossen sind, z. B.

```
cout << "Eingabe von x: "; // "Eingabe ... " ist ein String
```

Die Speicherung von Strings erfolgt nach besonderen Regeln. Da diese für verschiedene Programmiersprachen oft unterschiedlich sind, können bei der Übernahme von Zeichenketten von einer anderen Sprache Probleme auftreten.

In C/C++ ist es üblich, Strings mit dem ASCII-Zeichen 00, repräsentiert durch die Escape-Sequenz '\0', abzuschließen. Die im letzten Beispiel benutzte String-Konstante scheint die Länge n=15 zu besitzen. In Wahrheit hat sie die Länge n=16, weil der Compiler bei String-Konstanten automatisch ein '\0' ans Ende hängt. Auch bei String-Eingaben wird automatisch ein '\0' angehängt. Wird ein **char**-Feld im Programm selbst erzeugt, so sollte man nicht vergessen, am Ende '\0' anzufügen. C/C++ bietet eine Reihe von Standard-Funktionen, die die String-Verarbeitung erleichtern. Sie alle erwarten am Ende ein '\0'.

Strings sollten in C/C++ unbedingt mit '\0' abgeschlossen sein

---

Auf die Frage, was der Unterschied zwischen

'A'   und   "A"

ist, lautet die Antwort: 'A' ist eine **char**-Konstante, "A" dagegen ein String-Konstante, die aus 2 Zeichen, nämlich 'A' und '\0' besteht.

Beispiel:

```
char land[7] = "Hessen";
char ort[13] = "Ruesselsheim";
```

Ein **char**-Feld muss so groß vereinbart werden, dass die längste zu speichernde Zeichenkette (+ 1) darin Platz findet. Möchte man etwa in den oben definierten Feldern auch andere Bundesländer oder Städte speichern, so müssen die Dimensionen erheblich erhöht werden. Andererseits wird oft die vereinbarte Zeichenlänge nicht durch die aktuelle Belegung ausgenutzt. Wir unterscheiden daher zwischen der aktuellen und der vereinbarten Länge von Strings.

Ausgewählte Standardfunktionen zur String-Verarbeitung

char* strcpy_s(**char** * str1, **int** maxlength, **char** * str2)   kopiert String2 auf String1

Beispiel: **char** zk[40];
        strcpy_s(zk, 39, "You'll never walk alone");

Bemerkung: strcpy_s() wird stets verwendet, um einem **char**-Feld innerhalb eines Programms einen String zuzuweisen. Eine Zuweisung mit ...= "..." ist **nur** bei der Vereinbarung zulässig. Alternativ zu *strcpy_s()* und *strcat_s()*: *strcpy()* und *strcat()*.

char* strcat_s(**char** * str1, **int** maxlength, **char** * str2) hängt zwei Strings aneinander

```
char zk1[80], zk2[40]; // zk1 muss groß genug sein
cin << zk1 << zk2;
strcat_s(zk1,40, zk2); // Wirkung: zk1 = zk1 + zk2
```

Bemerkung: eine Anweisung der Art *zk1 = zk1 + zk2* ist nicht zulässig.

int strcmp(**char** *str1, **char** *str2)   vergleicht zwei Strings

Beispiel: **char** zk[80];
cin >> zk;
if(!strcmp(zk1, "quit")) **return** 0;

Bemerkung: Rückgabewert Bedeutung
         < 0   String1 ist kleiner als String2
         > 0   String1 ist größer als String2
          0   String1 und String2 sind gleich

unsigned strlen(**char** * str) bestimmt die aktuelle Länge eines Strings (ohne '\0')

```
char zk[80];
int len;
cin >> zk;
len = strlen(zk);
```

Achtung: *cin* ist zum Einlesen von Strings nur bedingt geeignet, da die Eingabe beim Auftreten eines Blanks abbricht. Dies lässt sich mit *cin.getline()* vermeiden!

cin.getline(<stringname>, <dim>) liest eine komplette Zeile mit allen Blanks ein.

Achtung: bei Verwendung dieser oder anderer Standardfunktionen mit Strings muss die Datei *cstring* eingebunden werden: #include <cstring>.
Alle Strings müssen mit '\0' abgeschlossen sein.
"**char** * str" bedeutet: „Pointer auf **char**-Feld"
(zur Erinnerung: ein Feldname ist ein Pointer, → s. Kap. 7.2).

Mit Hilfe des Index lässt sich auf jedes Zeichen eines String einzeln zugreifen.

In unserem Beispiel ist:

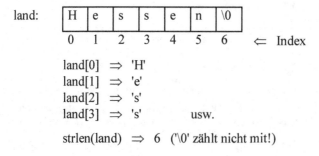

```
land:   | H | e | s | s | e | n | \0 |
          0   1   2   3   4   5   6    ⇐ Index

        land[0]  ⇒  'H'
        land[1]  ⇒  'e'
        land[2]  ⇒  's'
        land[3]  ⇒  's'            usw.

        strlen(land)  ⇒  6  ('\0' zählt nicht mit!)
```

■ Beispiel

```
// BSP_7_1_3_1      Strings: Ausgabe einer eingegebenen
//                  Textzeile in umgekehrter Reihenfolge
#include <iostream>
#include <cstring>
using namespace std;
int main(void)
{

    char zeile[80];
    int index;
    cout << "Geben Sie eine Zeile ein:" << endl;
    cin.getline(zeile,80);        //liest eine komplette Zeile
    for(index = strlen(zeile)-1; index >= 0; --index)
       cout << zeile[index];
    cout << endl;

    return 0;
}
```

Dialog: Geben Sie eine Zeile ein:
            Das ist toll
            llot tsi saD   ■

Im folgenden Beispiel wird ein dreidimensionales Stringfeld benutzt, um jeweils maximal 20 Städte aus drei verschiedenen Ländern (D, F, E) abzuspeichern.

```
//   BSP_7_1_3_2         --- 3-dim-Strings ---
#include <iostream>
#define D 0
#define F 1
#define E 2
using namespace std;
int main(void)
{
   char stadt[3][20][10]; // 3 dimensionales Feld

   cout << "deutsche Stadt Nr. 1 >";
   cin >> stadt[D][0];
   cout << "franz. Stadt Nr. 16  >";
   cin >> stadt[F][15];
   cout << "engl. Stadt Nr. 5  >";
   cin >> stadt[E][4];
   cout << endl;
   cout << stadt[D][0] << endl;
   cout << stadt[F][4] << endl;
   cout << stadt[E][15] << endl;
   return 0;
}
```

```
Dialog:    deutsche Stadt Nr. 1 >Berlin
           franz. Stadt Nr. 16  >Bordeaux
           engl. Stadt Nr. 5    >Dover

           Berlin
           Bordeaux
           Dover
```

Merke: Bei Ein/Ausgaben von Strings wird die letzte (rechte) Dimension weggelassen.

■ **Programmbeispiel**

Aufgabe: Ein Programm soll die Anzahl der Worte einer eingegebenen Textzeile feststellen und ausgeben.

Idee: Worte werden durch Leerzeichen getrennt.

String eingeben		
wortzahl = 0;	gezaehlt = **false**;	
Für jedes Zeichen des String:		
	zeichen ==' '	
ja		nein
gezaehlt = **false**	gezaehlt == **false**	
	ja	nein
	wortzahl=wortzahl++ gezaehlt = **true**	
Ausgabe wortzahl		

Lösung:
```
// BSP_7_1_3_3          --- Anzahl der Worte   --
//                      --- einer Textzeile    --
#include <iostream>
#include <cstring>
using namespace std;
int main(void)
{
    char zeile[80];
    int i, wortzahl, laenge;
    bool gezaehlt;
    cout << "Gib eine Textzeile ein:"
         << endl;
    cin.getline(zeile,80);
    wortzahl = 0;
    gezaehlt = false;
    laenge = strlen(zeile);
    for(i = 0; i < laenge; i++)
    {
```

```
        if(zeile[i] == ' ')
          gezaehlt = false;
        else
          if(!gezaehlt)
          {
             wortzahl++;
             gezaehlt = true;
          }
     }
     cout << "Es waren " << wortzahl
          << " Worte" << endl;
     return 0;
   }
```

Vergleichsoperationen mit Strings basieren auf dem Vergleich der beteiligten Zeichen (ASCII-Tabelle). Das 1. Zeichen des 1. Strings wird verglichen mit dem 1. Zeichen des 2. Strings. Sind beide Zeichen gleich, wird das 2. Zeichen verglichen usw.

Beispiele:
"Juni"	>	"Juli"	$\Rightarrow$ wahr	(n' > 'l')
"abc"	<	"abcdef"	$\Rightarrow$ wahr	('d' hat keinen Partner)
" abc"	<	"abc"	$\Rightarrow$ wahr	(Leerzeichen < 'a')
"ABCDEF"	<	"a"	$\Rightarrow$ wahr	('A' < 'a')

7.1.4 Initialisierung von Feldern

Felder können bei ihrer Deklaration initialisiert werden. Die allgemeine Syntax lautet:

<datentyp> <feldname>[<dim1>][<dim2>]...[<dimn>] = {Werteliste};

Die Werteliste enthält typgerechte Konstanten, die durch Kommata zu trennen sind.

Beispiel eines Integer-Felder mit 8 Elementen und den Initialwerten i * 10 (i = Index):

```
int vek[8] = {0, 10, 20, 30, 40, 50, 60, 70};
```

Für String-Felder gilt, wie wir bereits im letzten Kapitel gesehen haben, eine Sonderregelung:

char <stringname>[<dimension>] = "<zeichenkette>"

■ **Beispiel**

```
char zk[80] = "Long may you run";
```

Dies ist gleichbedeutend mit:

```
char zk[80] = {'L','o','n','g',' ','m','a','y',
               ' ','y','o','u',' ','r','u','n','\0'};
```

Achten Sie bei dieser Form auf ein zusätzliches Element für das '\0'-Zeichen. Sicher ist die vereinfachte Form vorzuziehen.

Die Initialisierung mehrdimensionaler Felder soll an einem 2-d-Feld *mat[5][3]* veranschaulicht werden, welches mit den Zahlen 1 bis 15 initialisiert wird:

```
int mat[5][3] = {
                  1,   2,   3,
                  4,   5,   6,
                  7,   8,   9,
                 10,  11,  12,
                 13,  14,  15
                };
```

In diesem Fall ist die Matrixstruktur optisch sauber darstellbar. Der Compiler lässt sich davon natürlich nicht beeindrucken. Für ihn ist die folgende Anordnung völlig gleichbedeutend:

```
int mat[5][3] = { 1,   2,   3,   4,   5,   6,   7,   8,   9,
                 10,  11,  12,  13,  14,  15};
```

Entscheidend ist allein die Speicherreihenfolge (in welcher Reihenfolge werden die Matrix-Elemente intern abgespeichert?). Der rechte Index (Spaltenindex) wächst im linearen Speicher des Rechners schneller als der linke (Zeilenindex), d. h., es wird **zeilenweise** abgespeichert.

Es gilt:	FELD[ZEILE][SPALTE]
	Zeile zuerst
	Spalte schneller

Speicherbedarf eines 2-d-Feldes
`Zeilendimension x Spaltendimension x` **`sizeof`**`(<typ>)`

Entsprechendes gilt nun auch für höherdimensionale Felder.

Beispiel: `int dreid[2][3][2] = {1,2,3,4,5,6,7,8,9,10,11,12};`

Welchen Index hat das Element mit Wert 9? Der rechte Index läuft am schnellsten (Kilometerzählerprinzip). Man beachte, dass für jede Dimension der Indexbereich bei 0 beginnt und bei dim −1 endet. Folglich besitzt das Element mit dem Wert 1 den Index [0][0][0], das mit dem Wert 2 den Index [0][0][1] und das letzte (Wert 12) den Index [1][2][1]. Zum Element mit dem Wert 9 gehört also der Index [1][1][0].

Auch in der Beziehung zwischen Feldern und Pointern spielt die Speicherreihenfolge der Elemente eine entscheidende Rolle. Wir werden darauf zurückkommen.

Werden Felder bei der Deklaration mit Anfangswerten initialisiert, darf man ausnahmsweise auf die Dimensionsfestlegung verzichten. Die trifft dann der Compiler durch Abzählen der Initialwerte.

Beispiel: `char` zk[ ] = "Long may you run";
In diesem Fall wird die Dimension automatisch auf 17 (inklusive '\0') gesetzt.

Diese Vereinfachung sollte man in der Praxis nur dann in Anspruch nehmen, wenn die Initialwerte im Laufe des Programms unverändert bleiben. Eine typische Anwendung stellen Fehlermeldungsfelder dar.

Beispiel: `char` f1[ ] = "falsche Eingabe\n";
`char` f2[ ] = "Datei kann nicht geoeffnet werden\n";
. . .
`char` f8[ ] = "falsches Passwort\n";

Ausgabe der 8. Fehlermeldung:
`cout << f8;`
Ausgabe:
`falsches Passwort`

Noch eleganter ist die folgende Form:
`char` f[ ][80] = {"falsche Eingabe\n",

"Datei kann nicht geoeffnet"

"werden\n",

. . .

"falsches Passwort\n"};

Man beachte, dass bei mehrdimensionalen Arrays nur die linke (innere) Dimension „offen" bleiben darf, weil sonst die Struktur verloren geht.

Beispiel: Ausgabe der 8. Fehlermeldung des zweidimensionalen Feldes:
`cout << f[7];`
Ausgabe: `falsches Passwort`

7.2 Pointer

Mit Pointern schreibt man in C++, v.a. aber in C, das keine Referenzen kennt, effizientere Programme. Mit Pointern lässt sich die Verarbeitung von Feldern schneller und eleganter gestalten. Außerdem ist die dynamische Allokierung von Speicherplatz möglich. Weitere typische Anwendungen für Pointer sind „verkettete Listen" und „binäre Bäume". Beim Umgang mit Pointern ist Sorgfalt und ein tiefes Verständnis angebracht. Pointer können schwere Fehler verursachen, die oft nur mühsam zu finden sind.

> **POINTER sind ADRESSEN**

Wir blicken in den Adressraum (Speicher) eines hypothetischen einfachen Rechners:

Variable	Adresse	Inhalt
...	...	...
oma	5000	1111
opa	5001	2222
zi	5002	5000
tante	5003	3333
...	...	...

Generell kann man Speicherinhalten ihre Bedeutung nicht ansehen. Erst die Software entscheidet darüber. Speicherinhalte können Maschinenbefehle, Daten oder auch Adressen sein. In Hochsprachen arbeiten wir selten oder gar nicht mit absoluten Adressen, wie z. B. 5000, sondern mit symbolischen Adressen, den so genannten Variablen. Der Datentyp einer Variablen legt fest, welcher Art die Daten sind, die der entsprechende Speicherplatz enthält: `int, float, char, ...`, oder eben Pointer. Zu jedem Grund-Datentyp existiert ein Datentyp „Pointer auf <datentyp>", z. B. `Pointer auf int`. Entsprechend gibt es neben „normalen" Variablen auch Pointervariablen. Normale Variablen enthalten zu verarbeitende Daten des entsprechenden Typs.

POINTERVARIABLEN enthalten bzw. zeigen auf ADRESSEN

In der obigen Abbildung seien die Variablen *oma, opa* und *tante* `int`-Variablen, die Variable *zi* sei eine Pointervariable auf `int`. Während die `int`-Variablen `int`-Werte enthalten, enthält die Pointervariable eine Adresse, im Beispiel die von *oma* (5000).

Deklaration einer Pointervariablen
<typ> *name; // z. B. `int` *zi;

Im Prinzip könnte jede beliebige Pointervariable jede beliebige Adresse aufnehmen. Allerdings funktioniert die POINTERARITHMETIK (s. u.) nur dann einwandfrei, wenn die Datentypen von Pointervariablen und Pointern übereinstimmen. Deshalb achtet der Compiler auf Typenverträglichkeit.

Pointer-Operatoren

*	Inhaltsoperator:	liefert den Wert der Adresse, welche die Pointervariable enthält (auf die die Pointervariable zeigt)
&	Adressoperator :	liefert die numerische Adresse einer Variablen

---

■ **1. Beispiel:**

```
// BSP_7_2_1

#include <iostream>
using namespace std;
int main(void)
{
    int a = 1, b = 2; // Variablen-Deklaration
    int *p;            // Pointer-Deklaration
    p = &a;
    b = *p;
    cout << b << endl;
    return 0;
}
```

Ausgabe:
1

2. Beispiel:

```
// BSP_7_2_2
#include <iostream>
using namespace std;
int main(void)
{
    float x = 1.1, y = 2.2;
    int *p;
    p = &x;
    y = *p;
    cout << y << endl;
    return 0;
}
```

Das 1. Beispiel ist korrekt, das 2. erzeugt mindestens eine Compiler-Warnung, meist sogar eine Fehlermeldung (Error). Warum? Eine **float**-Adresse soll einem **int**-Pointer zugewiesen werden!

Auch Pointervariable dürfen rechts vom Zuweisungszeichen stehen:

```
// BSP_7_2_3
#include <iostream>
using namespace std;
int main(void)
{
    int a;
    int *z1, *z2;
    z1 = &a;
    z2 = z1;
    cout << hex << z1 << endl;
    cout << hex << z2 << endl;
    return 0;
}
```

Ausgegeben wird in beiden Fällen der Hex-Wert der Adresse (Rechner-abhängig) von *a*. ∎

Pointerarithmetik darf nur mit den Operationen Addition und Subtraktion mit Integern durchgeführt werden.

Beispiele: p sei ein Pointer

```
p++;        // vorruecken um 1 Element
p--;        // zurueck um 1 Element
p = p + 2;  // vorruecken um 2 Elemente
p = p - 5;  // zurueck um 5 Elemente
```

Das Ergebnis ist vom Datentyp abhängig, weil generell jede Speicheradresse genau 1 Byte enthält. Sei nun *p* ein **char**-Pointer, so entspricht 1 Element einer Adresse. Für den Fall, dass *p* ein **float**-Pointer ist, entspricht 1 Element vier Adressen, bei **double** sogar 8, usw. Pointerarithmetik ist sozusagen dimensionsbehaftet:

n Elemente = n x sizeof(<datentyp>) Adressen

Außerdem dürfen zwei Pointer subtrahiert werden:

Beispiel: **float** *p1, *p2;

```
...

...
if(p1 - p2) ...
```

Verboten sind: – Multiplikation und Division im Zusammenhang mit Pointern.
                      – Addition zweier Pointer
                      – Verknüpfungen mit **float** und **double** (Adressen sind Ganzz.).
                      – Bitoperationen

Vergleiche von Pointern sind dagegen möglich:

if(p1 < p2) cout << "p1 ist kleiner als p2" << endl;

(das ist nur sinnvoll, wenn p1 und p2 auf Felder zeigen)

7.2.1 Pointer und Felder

Pointer und Felder haben in C sehr viel gemeinsam. Wie Sie bereits wissen, ist der Feldname eines Vektors ohne Index eine *Pointerkonstante* auf das erste Element, also auf den Feldanfang.

Die Verwandtschaft von Pointern und Feldern lässt sich an folgendem Beispiel demonstrieren:

```
char str[100], *pc;

pc = str; // str soll nicht veraendert werden
```

Nach der Zuweisung ist z. B. *str[5]* gleich *(pc + 5)*.

Man kann auf Feldelemente also entweder in der konventionellen Elementschreibweise oder in der Pointerschreibweise zugreifen.

Beispiel:

```
            ...
            char s[40] = "Ein Ausgabetest", *zs;
            int i;
            ...
            zs = s;   // zs "zeigt auf" s
            // entweder:
            for(i = 0; s[i]; i++) cout << s[i];
                        // Elementschreibweise
            // oder:
            while(*zs) cout << *zs++;
                        // Pointerschreibweise
```

s[i] bzw. *zs* funktionieren deshalb als Abbruchbedingungen, weil das letzte Element eines Strings '\0' enthält. Zur Erinnerung: 0 ist unwahr.

Die zweite Methode ist effektiver. Bei freiem Zugriff auf einzelne Elemente ist dagegen die Index-Methode (Elementschreibweise) vorzuziehen, weil sie verständlicher ist.

Entsprechendes gilt natürlich auch für mehrdimensionale Felder. Wir machen uns das beispielhaft an dem Feld *a[4][4]* klar (Achtung: *a* ist ein Doppelpointer = Pointer auf Pointer):

Es gilt (weil eine Matrix zeilenweise abgespeichert wird, d. h. der Spaltenindex läuft schneller!):

```
**a         : = *a[0]        := a[0][0]              // 1

a[0][3]     : = *(*a + 3)    := *(*(a + 0) + 3)      // 2

a[1][2]     : = *(*a + 6)    := *(*(a + 1) + 2)      // 3

a[3][3]     : = *(*a + 15)   := *(*(a + 3) + 3)      // 4

oder allgemein für 2-d-Felder:

a[j][k]     := *(*(a + j) + k) // a ist Doppelpointer
```

Pointer-Arithmetik ist eleganter aber gewöhnungsbedürftiger als der Zugriff über Feld-Indexierung, vor allem bei sequentiellem Zugriff in Schleifen. Ein zweidimensionales Feld entspricht im Prinzip einem Feld von Zeilen-Pointern (Bild oben: *a[4]*) auf die einzelnen Zeilen des zweidimensionalen Feldes (Bild oben: *a[4][4]*). Im Bild oben ist dann *a* ein Zeiger auf das Zeigerfeld *a*[4]. Damit ist *a* ein „Pointer auf Pointer". Aus diesem Grund muss in den obigen Beispielen der Inhaltsoperator * je zweimal angewendet werden, um endlich an den Inhalt des Feldelements zu kommen.

Diese Aussagen lassen sich auf mehrdimensionale Felder übertragen. Allgemein ist ein n-dimensionales Feld stets auf einen Pointer und ein (n–1)-dimensionales Feld reduzierbar. Durch mehrfache Anwendung kann man jedes Feld auf ein eindimensionales Feld zurückführen.

Auch unsere „Formel" $a[j][k] := *(*(a + j) + k)$ lässt sich beliebig erweitern, z. B. 3–dim:

$$a[j][k][l] := *(*(*(a + j) + k) + l)$$

Die Pointerschreibweise wird gerne bei der Übergabe von Feldern an Funktionen benutzt.

Beispiel:

```
...
int main(void)
{
    char zk[80];
    ...
    gross(zk);
    ...
    return 0;
}
```

1. Alternative:
```
void gross(char ch[ ])        // Feldschreibweise
{
    int i;
    i = 0;
    while(ch[i])
    {
        ch[i] = toupper(ch[i]);
        i++;
    }
}
```

2. Alternative:
```
void gross(char *ch)          // Pointerschreibweise
{
    while(*ch)
    {
        *ch = toupper(*ch);
        ch++;
    }
}
```

Bei zweidimensionalen Feldern sieht die Funktionsüberschrift so aus:

```
int func(char feld[ ][100])
```

7.2.2 Dynamische Speicherverwaltung

Neben statischen Feldern erlaubt C/C++ eine dynamische Dimensionierung von Feldern. Das hilft einerseits, unnötigen Speicherplatz zu sparen, andererseits möchte man bei einigen Anwendungen, z. B. bei einem Texteditor, möglichst den gesamten aktuell verfügbaren Speicherplatz allokieren. Dazu dient klassischerweise die C-Funktion

```
malloc(),
```

die einen Pointer auf den Anfang des allokierten Bereichs zurückliefert.

Die Funktion

```
free()
```

gibt den durch *malloc()* allokierten Speicherbereich wieder frei.

So sieht die allgemeine Form des Aufrufs aus:

```
void *p;
...
...
p = malloc(anzahl_der_bytes);
...
...
free(p);
```

Die Prototypen von *malloc()* und *free()* liegen in *cstdlib*. Sie sind dort sinngemäß wie folgt definiert:

```
void *malloc(unsigned size anz_der_bytes);

void free(void *Pointer);
```

Da *malloc()* immer einen **void**-Pointer liefert, muss im konkreten Fall in einen Pointer auf den gewünschten Datentyp umgewandelt werden. Dies geschieht, wie stets in solchen Fällen, mit dem Cast-Operator.

1. Beispiel: Es sollen 2500 Bytes für ein Character-Array aus dem Heap reserviert werden

```
#include <cstdlib>
...
char *cp;
...
cp = (char*) malloc(2500);
                    // cp zeigt auf das 1. Element
...
// Freigabe:
free(cp);
```

2. Beispiel: Es sollen 10000 Elemente für ein Integer-Array (je 2 Byte oder 4 Byte groß, je nach Compiler) reserviert werden

```
#include <cstdlib>
...
int *ci;
...
```

```
ci = (int*) malloc(10000 * sizeof(int));
...
// Freigabe:
free(ci);
```

Falls nicht genügend Speicherplatz vorhanden ist, liefert *malloc()* einen Nullpointer. Daher sollte eine entsprechende Kontrollabfrage niemals fehlen, so dass etwa unsere Zeile „ci = ...“ im 2. Beispiel durch folgende Konstruktion zu ersetzen wäre:

```
if(!(ci = (int*) malloc(10000 * sizeof(int))))
{
  cout << "Nicht genuegend Speicher vorhanden" << endl;
  exit(1); // Programm beenden
}
```

Mit Hilfe der Index- oder Pointerschreibweise können Sie auf jedes Element des dynamisch allokierten Felds zugreifen, z. B.

```
for(i = 0; i <= 10000; i++)
   *ci++ = i; // oder: ci[i] = i;
```

---

exit(errorcode) beendet jedes Programm sofort, alle evtl. offenen Dateien werden geschlossen, der gewünschte Errorcode wird an die übergeordnete Ebene (z. B. Kommandointerpreter des Betriebssystems) übergeben und kann dort ggf. ausgewertet werden.

Der Prototyp von *exit()* liegt sowohl in **cprocess** als auch in **cstdlib**.

---

free() darf nur für zuvor mit *malloc()* reservierten Speicherplatz aufgerufen werden!

■ **Beispiel 1: Speicherung von n Integer-Werten auf dem Heap (= dynamischer Speicher)**

```
// BSP_7_2_2_1
#include <iostream>              // Anlegen eines Feldes im Heap
#include <cstdlib>
using namespace std;
int main(void)
{
    int *a;
    int n, i;
    cout << "Anzahl der Werte im Heap: ";
    cin >> n;
    a = (int*)malloc(n * sizeof(int));
    for(i = 0; i < n; i++)
      a[i] = -i;                    // oder        *(a+i) = -i;
    for(i = 0; i < n; i++)
      cout << a[i] << endl;        // oder
                                   // cout <<    *(a+i) << endl;
    free(a);
```

```
    return 0;
}                                                                              ■
```

C++ bietet alternativ ein Operatorpaar zur dynamischen Speicherbelegung des Heap:

```
<pointer> = new <Datentyp>[dimension]
```

  und

```
delete <pointer>
```

■ **Beispiel 2: Speicherung von n Integer-Werten auf dem Heap**

```
// BSP_7_2_2_2
// new -- Anlegen eines Feldes im Heap
#include <iostream>
using namespace std;
int main(void)
{
    int i, max;
    int *a;
    cout << "Wieviel Werte im Heap ablegen: ";
    cin >> max;

    a = new int[max];                // Feld auf Heap anlegen
    for (i = 0; i < max; i++)
    {
        cout << "Gib Wert ein " ; // cin >> a[i];
        cin >> *(a+i);
    }
    cout << endl<< endl;
    for (i = 0; i < max; i++)
        cout << *(a+i) << endl;     // cout << a[i]<< endl;
    delete a;
    return 0;

}                                                                              ■
```

In beiden Beispielen erzeugen wir ein Feld im Heap, dessen Größe erst dynamisch zur Laufzeit festgelegt wird. Allerdings mussten wir das gesamte Feld im Speicher reservieren, bevor der erste Zugriff auf eine Komponente erfolgen konnte.

Eine noch größere Flexibilität wäre erreicht, wenn wir nach der Speicherung jedes einzelnen Wertes neu entscheiden könnten, ob wir noch weitere Werte speichern möchten (z. B. Einlesen einer unbekannten Anzahl von Messwerten. Das wird möglich beim Einsatz der Datenstruktur *struct*, die im folgenden Kapitel vorgestellt wird.

7.3 Datenverbunde: Strukturen

Durch die Zusammenfassung inhaltlich zusammengehöriger Daten zu Verbunden wird ein Programm verständlicher und wartungsfreundlicher. Ein Datenverbund kann im Gegensatz zu Feldern aus unterschiedlichen Grund-Datentypen aufgebaut sein. Prototypen (Schablonen) von Datenverbunden werden mit dem Schlüsselwort **struct** definiert.

Struktur-Schablone

Vereinbarung:

```
struct <name>
{
        <typ> <1.komponente>;
        <typ> <2.komponente>;
        ...
        <typ> <n.komponente>;
};
```

Beispiel:
```
struct student // selbstdefinierte Datenstruktur
{
    char name[20];
    char vorname[20];
    long int mat_nr;
    bool vordiplom;
};
```

Es existiert nun eine Datenstruktur *student*, aber noch keine Variable dieses Typs. Diese erhält man mit einer Deklaration wie

```
struct student physiker, e_techniker;
```

Alternative:
```
struct student
{
    char name[20];
    char vorname[20];
    long int mat_nr;
    bool vordiplom;
} physiker, e_techniker;
```

In beiden Fällen sind *physiker* und *e_techniker* Variablen vom Typ *student*. Der erste Weg ist vorzuziehen, wobei man die Struktur-Schablone <u>global</u> definiert.

Der Zugriff auf einzelne Strukturkomponenten erfolgt über den Punkt-Operator:

Zugriff auf die j.-Komponente einer Strukturvariablen

```
<struct_variable>.<j.komponente>
```

Beispiel:
```
strcpy_s(physiker.name, "Weisalles");
Strcpy_s(physiker.vorname, "Nullbert");
physiker.mat_nr = 603458;
physiker.vordiplom = true;   // 1
```

Operationen mit **struct**-Komponenten richten sich nach den Regeln des vereinbarten Grund-Datentyps.

Ein/Ausgaben von Strukturen sind stets nur über die Komponenten möglich, also

```
cin >> physiker.mat_nr;

cout << physiker.name;
```

Die Komponenten einer Struktur können selbst Strukturen sein (Schachtelungsprinzip). Außerdem ist es möglich, Strukturfelder zu vereinbaren:

```
...
struct datum
{
   int tag;
   int monat;
   int jahr;
};
struct adresse
{
   char strasse[20];
   int hausnr;
   char stadt[20];
   long int postlz;
};
struct student
{
   char name[20];
   struct adresse wohnort;
   struct datum geburtstag;
};
...
int main(void)
...
struct student physiker[200];
struct student e_techniker[500];
```

Da es natürlich nicht nur einen Studenten gibt, wurden im Beispiel Felder angelegt. Der Zugriff auf eine Komponente sieht in einem solchen Fall so aus:

```
cout << e_techniker[k].wohnort.stadt;
```

Die Stukturvariable *e_techniker[500]* ist indexiert (der k. E-Technik-Student).

Der Zugriff erfolgt bei **geschachtelten** Strukturen von **außen** nach **innen**.

■ **Programmbeispiel**

Aufgabe: Eingabe der aktuellen Zeit in Stunden/Minuten/Sekunden und Berechnung der Zeit, die bis zum Feierabend noch vor uns liegt.

Idee: *zeit* als Struktur anlegen mit den Komponenten *stunden*, *minuten* und *sekunden*.

Lösung:

```cpp
// BSP_7_3_1
#include <iostream>
using namespace std;
struct zeit // globale Strukturschablone
{
    int h;
    int m;
    int s;
};
int main(void)
{
    struct zeit jetzt, feierabend = {17, 0, 0}, vormir;
    long int sec1, sec2, dif;
    sec1 = feierabend.h * 60 * 60 + feierabend.m * 60
            + feierabend.s;
    cout << "Wie spaet ist es? [hh mm ss] >";
    cin >> jetzt.h >> jetzt.m >> jetzt.s;
    cout << endl;
    sec2 = jetzt.h * 60 * 60 + jetzt.m * 60 + jetzt.s;
    dif = sec1 - sec2;
    if (dif > 0)
    {
        vormir.h = dif / (60*60);
        dif = dif %(60*60);
        vormir.m = dif / 60;
        vormir.s = dif % 60;
        cout << "Bis zum Feierabend sind es noch:" << endl
            << "                    " << vormir.h
            << " Stunden" << endl
            << "                    " << vormir.m
            << " Minuten" << endl
            << "                    " << vormir.s
            << " Sekunden" << endl;
    }
    else
        cout << "Glueckspilz! Du hast schon Feierabend"
```

```
                   << endl;
      return 0;
}
```

```
Dialog:Wie spaet ist es? [hh mm ss] >14 31 20
Bis zum Feierabend sind es noch:
                        2   Stunden
                       28   Minuten
                       40   Sekunden                                      ■
```

7.3.1 Übergabe von Strukturen an Funktionen

Strukturkomponenten werden wie normale Variablen übergeben.

Beispiel:

```
          ....
          struct abc          // Strukturschablone
          {
              char a;
              int b;
              char c[80];
          };
          ...
          int main(void)
          ...
          struct abc bsp;      // Strukturvariable
          ...
          func1(bsp.a);        // Wertübergabe
          func2(bsp.c);        // Pointerübergabe (String)
          func3(&bsp.b);       // Adressübergabe
```

Achtung: der &-Operator steht **vor** dem Strukturnamen.

Eine komplette Struktur wird mit ihrem Namen übergeben. Achtung: im Gegensatz zu Vektoren erfolgt die Übergabe jedoch **by value**!

Das folgende Beispielprogramm gibt drei Strings nacheinander in einer Zeile auf dem Bildschirm aus:

```
          // BSP_7_3_1_1
          #include <iostream>
          #include <cstring>
          using namespace std;
          void outstr(struct str out);
          struct str // Strukturschablone
          {
            char a[20];
            char b[60];
            char c[20];
          };
```

```
int main(void)
{
    struct str str_v;
    strcpy_s(str_v.a, "*** ");
    strcpy_s(str_v.c, " ***");
    cout << "Eingabe String > ";
    cin >> str_v.b;
    outstr(str_v); // outstr wird komplett uebergeben
    return 0;
}
void outstr(struct str out)
{
    cout << out.a << out.b << out.c << endl;
}
```

Man beachte, dass die Strukturschablone nur einmal (global) definiert wird. Das spart Schreibarbeit und auch die Fehleranfälligkeit ist geringer.

7.3.2 Struktur-Pointer

So wird ein Struktur-Pointer auf eine Struktur deklariert:

struct <prototyp> *<struct_pointer>;

Beispiel: `struct addr *pers_ptr;`

Anwendungsgründe für Strukturpointer sind

1. call-by-address

2. verkettete Listen

Strukturpointer vermindern den Stack-Aufwand bei der Übergabe an Funktionen, da nur eine Adresse und keine komplette Struktur übergeben werden muss.

Zur Erinnerung: Der Name einer Strukturvariablen ist kein Pointer. Die Adresse einer Strukturvariablen erhält man durch Vorsetzen des &-Operators.

Beispiel:
```
struct pers
{
    char n_name[40];
    char v_name[40];
    int alter;
};
...
struct pers person, *pers_ptr;
...
pers_ptr = &person;
```

Mit der letzten Anweisung erfolgt die Adresszuweisung an die Strukturpointer-Variable.

Auf die Komponente *person.alter* greift man wie folgt zu:

              (*pers_ptr).alter

Die () sind notwendig, weil der Punkt-Operator die höhere Priorität besitzt.

Es gibt jedoch zwei Zugriffsmöglichkeiten auf Strukturelemente mit Hilfe von Pointern:

      1. expliziter Pointer-Verweis, z. B.:   (*p).balance
      2. mit **Pfeil-Operator** –>, z. B. :   p–>balance
Die 2. Variante ist gebräuchlicher.

Das folgende Beispielprogramm ruft eine Funktion auf, die Personendaten erfragt:

■ **Beispiel**

```cpp
// BSP_7_3_2_1
#include <iostream>
using namespace std;
void input(struct pers *out);
struct pers
{
    char n_name[40];
    char v_name[40];
    int alter;
};
int main(void)
{
    struct pers you;
    input(&you);
    cout << endl << endl;
    cout << "Sie heissen " << you.v_name
         << ' ' << you.n_name << endl
         << "und sind " << you.alter
         << " Jahre alt." << endl;
    return 0;
}
void input(struct pers *out)
    {
    cout << "Nachname > ";
    cin >> out->n_name;
    cout << "Vorname > ";
    cin >> out->v_name;
    cout << "Alter > ";
    cin >> out->alter;
}
```

Möglicher Dialog:

```
Nachname > Cyrus
Vorname > Miley
Alter > 26
```

```
Sie heissen Miley Cyrus
und sind 26 Jahre alt.
```
■

Ohne Adressübergabe könnte *main()* nicht auf die Eingaben zugreifen!

Wenn die letzte Komponente einer Struktur ein Strukturpointer ist, der auf die nächste Struktur zeigt, usw., spricht man von einer verketteten Liste.
Folgendes Programmbeispiel zeigt das Prinzip einer verketteten Liste:

■ Beispiel

Ein Programm soll eine nicht festgelegte Anzahl von Integer-Werten dynamisch auf dem Heap speichern. Bei Eingabe des Wertes 0 soll die Eingabe abgeschlossen sein und die Werte in der Reihenfolge der Eingabe wieder ausgegeben werden.
Idee: Anlegen der Werte in der Form der Struktur.

Lösung:

```
// BSP_7_3_2_2                         // lineare Liste
#include <iostream>
using namespace std;
struct dat_im_heap
{
    int wert;
    struct dat_im_heap *zeiger;
};
int main(void)
{
    struct dat_im_heap *daten, *start;
    daten = new struct dat_im_heap;
    start = daten;                      //Startzeiger festhalten
    cout << "Werteingabe >";
    cin >> daten->wert;
    while(daten->wert)
    {
        daten->zeiger = new struct dat_im_heap;
        daten = daten->zeiger;
        cout << "Werteingabe >";
        cin >> daten->wert;
    }
    cout << endl << "Ausgabe"<< endl;
    daten = start;
    do
```

```
    {
        cout << daten->wert << endl;
        daten = daten->zeiger;
    }
    while (daten->wert);
    return 0;
}
```
                                                                          ■

7.3.3 Der typedef-Operator

„Neue" Datentypen können mit dem **typedef**-Operator erzeugt werden. Es handelt sich jedoch in Wahrheit nicht um vollkommen neue Datentypen, eher um neue Namen für bestehende Datentypen.

Die allgemeine Form der Anweisung lautet:

> **typedef** <typ> <name>;

Beispiel: ``typedef float real;``

Besser sollte man schreiben:

> ``typedef float REAL;``

weil selbstdefinierte Datentypen ebenso wie Konstanten in C/C++ üblicherweise großgeschrieben werden.

Die **typedef**-Anweisung wird in der Regel im Programmkopf vor *main()* oder in einer Header-Datei stehen.

Beispiel:
```
#include <iostream>
using namespace std;
typedef float REAL;
int main(void)
{
    REAL x, y;
    ...
}
```

Wirklich interessant ist *typedef* in Verbindung mit komplexeren Datentypen wie *struct*.

Beispiel:
```
typedef struct
{
    double re;
    double im;
} COMPLEX;
COMPLEX zahl1, zahl2; // vereinbart zwei
                      // komplexe Variablen
COMPLEX c_add(COMPLEX zahl1, COMPLEX zahl2);
                      // Prototyp einer Funktion
                      // vom Typ COMPLEX
```

Mit *typedef* erspart man sich das lästige Wörtchen **struct** bei der Vereinbarung von Strukturvariablen, insbesondere bei reinen C-Compilern, die **struct** unbedingt verlangen. Viele C++-Compiler verzichten auch ohne Gebrauch von **typedef** auf das Wörtchen **struct**.

Programme, die hauptsächlich mit normalen Variablen arbeiten, sind prozessorientiert. Spielen Strukturen eine entscheidende Rolle spricht man von datenorientierten Programmen. Der nächste Schritt ist die Objektorientierung ($\rightarrow$ s. Kap. 9).

7.4 Aufgaben

1) Legen Sie ein Integer-Feld von 10 Werten an. Lesen Sie die Werte ein. Speichern Sie in einem weiteren Feld gleichen Typs die Werte in umgekehrter Reihenfolge, d. h. a[0] < - - > b[9]. Geben Sie beide Felder paarweise aus.

2) Wieviel Feldelemente und wieviele Bytes ergeben folgende Vereinbarungen:

   a) **float** dreid [21][11][3];

   b) **int** oma[31] [3];

3) Legen Sie ein **int**-Feld mit 20 Elementen an. Füllen Sie das Feld mit Zufallszahlen aus dem Bereich 0 <= x <100. Geben Sie das Feld zu je 5 Werten/Zeile aus. Stellen Sie fest, wieviel Zahlen einen Wert über 50 besitzen.

4) Es sind n Messwerte (**float**) einzulesen. Es ist der Mittelwert zu berechnen und auszugeben. Die Abweichungen vom Mittelwert sind in einem Feld abzulegen. Ausgabe einer Tabelle der Form:

   <Messwert>   <Abweichung vom Mittelwert>

5) Was gibt das folgende Programm aus?

```
#include <iostream>
#include <cstring>
using namespace std;


int main(void)
{
   char worte[5][10];
   strcpy_s(worte[0],"wer nicht ");
   strcpy_s(worte[1],"geht ");
   strcpy_s(worte[2],"Zeit ");
   strcpy_s(worte[3],"der ");
   strcpy_s(worte[4],"mit ");
   cout << worte[0]  << worte[4] << worte[3]
        << worte[2]  << worte[1] << endl;
```

```
    cout << worte[1]  << worte[4] << worte[3]
        << worte[2]  << endl;
    return 0;
}
```

6) Es ist eine Textzeile einzugeben. Das Programm soll die Wortlänge des ersten darin vorkommenden Wortes ermitteln und ausgeben. Leerstellen vor dem ersten Wort seien möglich!

7) Passwort-Generator: Erzeugen Sie 20 zufällig zusammengesetzte Worte mit Großbuchstaben und geben Sie diese aus. Die Worte sollen 8 Zeichen lang sein.

Anleitung: Benutzen Sie *rand()* und *srand ()*,
sowie den Ausdruck: rand() % 26 + **int**('A').

8) Ein Programm soll in einer eingegebenen Textzeile ersetzen: ae → ä, oe → ö, ue → ü, Ae → Ä, Oe → Ö und Ue → Ü. Der korrigierte Text soll in einer neuen Textzeile gespeichert und ausgegeben werden. (compilerabhängig, da nicht jeder Compiler Umlaute in Textstrings unterstützt).

9) Eine Bank speichert für jeden ihrer Kunden: Name, Vorname, Adresse, 6-stellige Konto-Nr., Kontostand.

Schreiben Sie ein Programm, das Kundendaten einliest und wieder ausgibt (2 Kunden genügen!). Benutzen Sie Strukturen.

10) Komplexe Zahlen sollen als Struktur gespeichert werden.

Schreiben Sie ein Programm, das zwei komplexe Zahlen einliest und ihre Summe ausgibt. Verwenden Sie ggf. den *typedef*-Operator.

8 Arbeiten mit Dateien

Die Verarbeitung größerer Datenmengen ist ohne Zugriffe auf Dateien praktisch unmöglich. Eingaben können statt der bisher benutzten interaktiven Tastatureingabe aus Dateien (Files) gelesen, die Ergebnisse statt auf dem Bildschirm dargestellt, wieder in Dateien geschrieben werden.

Die Verwaltung von Dateien gehört zu den Aufgaben des Betriebssystems. Dateizugriffe durch ein Programm greifen in eine wichtige Schnittstelle zwischen Programmiersprache und Betriebssystem ein. Es ist daher nicht verwunderlich, dass gerade bei der Dateiverarbeitung oft Inkompatibilitäten der verschiedenen Compiler bzw. Betriebssysteme auftreten und Softwareanpassungen erforderlich sind, wenn Programme auf anderen Systemen laufen sollen.

Eine Datei ist in der Regel aus gleichartigen Elementen aufgebaut. Die Elemente haben eine feste Datenstruktur, z. B. die Zeilenstruktur von Text(ASCII)-Dateien, einzelne **float**-Werte, komplette Felder oder eine **struct**-Struktur. Der Datenaustausch mit Dateien erfolgt grundsätzlich in Einheiten dieser Elemente über eine vereinbarte Filevariable. Die Programmiersprache „sieht" die Datei über das Fenster eines logischen Schreib- oder Lesezeigers, der sich elementweise über die Datei schiebt. Das Ende einer Datei ist durch die EOF-Marke (End-Of-File) gekennzeichnet.

Dateizugriff:

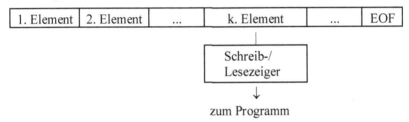

Um mit Dateien zu arbeiten, sind prinzipiell die folgenden Schritte erforderlich:

- Filevariable vereinbaren
- Verbindung zum Dateinamen unter dem jeweiligen Betriebssystem herstellen
- Datei öffnen zum Lesen oder zum Schreiben
- Datei lesen oder beschreiben
- Datei schließen

Ähnlich wie schon bei der Konsol-Ein/Ausgabe verfügen C und C++ über völlig unterschiedliche Konzepte des Dateizugriffs. Wir stellen hier nur das C++-Konzept vor, weil für die meisten größeren Rechner mit Festplatten und sonstigen Massenspeicher-Medien C++-Compiler zur Verfügung stehen. Die ganz kleinen, wie Mikrocontroller, benötigen keinen Dateizugriff.

Für die Datei-Ein/Ausgabe mittels Streams bietet C++ die Klassen (→ s. Kap. 9) *istream* (für Input), *ostream* (für Output) und *fstream* (für Input und Output). Vereinbart sind sie in der Header-Datei *fstream*.

Wir beschränken uns im Folgenden auf die Verwendung von *fstream*. Der Zugriff auf Dateien nach dem C++-Konzept mit Streams läuft nach folgendem, beispielhaft gezeigten, Muster ab:

```
#include <iostream>
#include <fstream>
fstream my_file;        // Filevariable vereinbaren
my_file.open("dat_name", ios::out);
                        // Datei "dat_name" zur Ausgabe oeffnen
                        // und mit der Filevariable verbinden
if(!my_file)            // falls Oeffnen nicht moeglich
{
     cerr << "Datei kann nicht geoeffnet werden" << endl;
     exit(-1);          // Programmabruch
}
...                     // in die Datei schreiben
...
my_file.close();        // Datei schliessen
```

Eine Datei kann zum Beispiel dann nicht geöffnet werden, wenn

- sie gelesen werden soll, jedoch nicht existiert
- eine Datei auf einem USB-Stick gelesen werden soll, jedoch kein Stick in der USB-Buchse steckt
- eine Datei beschrieben werden soll, die jedoch schreibgeschützt ist
- eine Fehlerbedingung im Open-Modus (→ s. Tabelle unten) zutrifft.

Der zweite Parameter der Elementfunktion *open()* ist der sogenannte Open-Modus. In der Klasse *ios* sind dafür folgende Konstanten definiert:

Konstanten für den Open-Modus von Dateien		
Konstante	numerischer Wert	Bedeutung
ios::in	0x01	für Eingabe öffnen
ios::out	0x02	für Ausgabe öffnen
ios::ate	0x04	öffnen und Schreib/Lesezeiger auf Dateiende positionieren
ios::app	0x08	Ausgabe nur am Dateiende
ios::trunc	0x10	Datei löschen, falls ios::out, nicht aber ios::ate oder ios::app gesetzt sind
ios::nocreate	0x20	erzeugt Fehler, falls Datei noch nicht existiert
ios::noreplace	0x40	erzeugt Fehler, falls Datei schon existiert
ios::binary	0x80	dokumentiert Binärmodus

Aufgrund der besonderen Hexadezimalstruktur der verschiedenen Modi lassen sich diese mit dem bitweisen Oder-Operator (|) beliebig (sinnvoll) kombinieren. Einige Compiler erlauben auch den Plus-Operatot (+), den man aber vermeiden sollte, weil er kein Standard ist.

Beispiel: ios::out | ios::binary (=0x82), bedeutet: öffnen für Ausgabe im Binär-Format

Auf sinnvolle Kombinationen muss man selbst achten.

Grundsätzlich muss zwischen zwei Dateitypen unterschieden werden:

- Typ „Text": formatierte Dateien, aus ASCII-Zeichen aufgebaut
- Typ „Binär": unformatierte Dateien, binär aufgebaut.

Das eigentliche Schreiben und Lesen erfolgt analog zur Standard-Ein/Ausgabe ($\rightarrow$ s. Kap. 4), inklusive der Formatierung.

■ **Beispiel**

```
int a;
char ch, zeile[81];
fstream rf;
...
rf.open("test.txt", ios::in);
                                            // oeffnen zum Lesen
if(!rf) { ... }                             // Fehlerbehandlung
...
rf >> a;          // liest eine int Zahl in die Variable a
                  // ein
                  // Trennzeichen ist Blank, Tab oder '\n'
//   oder
ch = rf.get();          // liest ein Byte
//   oder
rf.getline(zeile, 80);   // liest eine komplette Zeile      ■
```

8.1 ASCII-Dateien: Der Dateityp Text

Verzichtet man beim Öffnen einer Datei auf den Open-Modus *ios::binary* wird automatisch das ASCII-Format unterstellt, z. B.:

```
my_f.open("in_dat", ios::in);// ASCII-Datei "in_dat" zum
                             // Lesen oeffnen und mit Stream-
                             // zeiger "my_f" verbinden
```

Für Text-Dateien gilt:

- Dateien sind aus Zeichen aufgebaut
- Dateien können am Bildschirm ausgegeben oder ausgedruckt werden

- Dateien besitzen eine Zeilenstruktur (\n am Zeilenende)
- die einzelnen Zeilen der Datei können unterschiedlich lang sein
- auf Text-Dateien kann in der Regel nur sequentiell zugegriffen werden.

Aufbau einer Text-Datei:

```
* * * * * * * * * * * * * * * *\n
* * * * * * * * * * * * * * * * * * * * * * *\n
* * * * * * * * * * * *\n
* * * *\n
* * * * * * * * * * *\n
. . .
. . .
<EOF>
```

> Der Typ „Text" bedeutet nicht, dass nur Buchstaben zulässig sind! Die Datei kann auch mit Zahlen (**float, int**) beschrieben werden. Diese werden dann aber ebenfalls lesbar (als ASCII-Zeichen) abgelegt.

Beispiel:
```
fstream zf;
float wert1, wert2;
zf.open("z_dat", ios::out);
. . .
wert1 = -17.123;
wert2 = 333.957312;
zf << wert1 << " " << wert2;
```

Vor dem Schreiben werden die Zahlen von der internen Binärdarstellung in einen String gewandelt. Die umgekehrte Wandlung findet beim Lesen statt. Das Blank ist als Trennzeichen notwendig, weil sonst beim Lesen die beiden Zahlen nicht auseinander zu halten sind.

Anmerkung: Das Gleiche geschieht automatisch, wenn Zahlen von der Tastatur eingegeben bzw. auf dem Bildschirm ausgegeben werden.

Das folgende Beispiel beschreibt eine Datei im aktuellen Verzeichnis mit den Wurzelwerten der Zahlen 1...100:

```
// BSP_8_1_1
#include <iostream>
#include <fstream>
#include <cmath>
using namespace std;
int main(void)
{
    int k;
    float wert;
    fstream f;                        // Filevariable vereinbaren
    f.open("wurzel_1.txt", ios::out | ios::trunc);
```

```
    if(!f)                          // falls Oeffnen nicht
                                    // moeglich
    {
            cerr << "Datei kann nicht geoeffnet werden" <<
            endl;
            exit(-1);               // Programmabruch
    }
    for(k = 1; k <= 100; k++)
    {
            wert = sqrt((double)(k));
            f << wert << endl;      // 1 Wert pro Zeile
    }
    f.close();
    return 0;
}
```

Nachdem dieses Programm ausgeführt ist, gibt es im aktuellen Directory (Verzeichnis) eine Datei WURZEL_1.TXT. Sehen Sie sich die Datei z. B. mit einem Editor an.

Im folgenden Beispiel greifen wir auf die eben angelegte Datei zu und geben den Inhalt am Bildschirm aus:

```
// BSP_8_1_2
#include <iostream>
#include <fstream>
#include <iomanip>
using namespace std;
int main(void)
{
    float wert;
    fstream f;              // Filevariable vereinbaren
    f.open("wurzel_1.txt", ios::in);
    if(!f)                  // falls Oeffnen nicht moeglich
    {
            cerr << "Datei kann nicht geoeffnet werden" <<
            endl;
            exit(-1);       // Programmabruch
    }
    while(f >> wert)        // liefert 0 falls EOF erreicht
       cout << setiosflags(ios::fixed) << setprecision(3)
            << wert << endl;  // 1 Wert pro Zeile
    f.close();
    return 0;
}
```

Hier ist die **for**-Schleife durch eine **while**-Konstruktion ersetzt. Das hat den Vorteil, dass wir uns nicht auf eine Länge festlegen müssen. Ist das Dateiende (EOF = End-Of-FILE) erreicht, liefert unsere Eingabeoperation (*f >> wert*) den Wert 0 und damit unwahr zurück, so dass sich die **while**-Schleife beendet.

Auch die Mitgliedsfunktion *eof()* liefert !=0 zurück, wenn das Dateiende erreicht ist. Hätten wir sie benutzt, würde die Schleife lauten:

```
while(!f.eof())
{
    f >> wert;
    cout ...
}
```

***eof()* liefert !0, wenn das Dateiende erreicht ist.**

Natürlich hätte die Datei WURZEL_1.TXT auch mit einem Editor geschrieben oder durch ein Programm in einer anderen Sprache erzeugt sein können.

Nachfolgend noch einige Programmiertipps für die Dateiverarbeitung. Sie sind nicht auf Text-Dateien beschränkt.

a) Eingabe des Dateinamens im Dialog:

In den Programmen oben haben wir uns bei der Assign-Anweisung auf eine ganz bestimmte Datei (WURZEL_1.TXT) festgelegt. Flexibler ist:

```
fstream f;
char datname[20];
...
...
cout << "Gib Dateinamen ein: ";
cin >> datname;
f.open(datname, ios::out);
...
```

b) Schutz vor dem Überschreiben einer existierenden Datei:

```
fstream f;
char datname[20];
...
...
cout << "Gib Dateinamen ein: ";
cin >> datname;
f.open(datname, ios::out | ios::noreplace);
    if(!f)              // Fehler falls Datei existiert
    {
        cerr << "Datei kann nicht geoeffnet werden\n"
            << "oder ist bereits vorhanden" << endl;
        f.clear();     // Fehlerbehandlung
    }
...
```

> *clear()* **setzt die Fehlerbedingung zurück.**

■ **Programmbeispiel**

Aufgabe: Ein Programm soll die Anzahl der Zeilen eines C-Programms (einer beliebigen Text-Datei) feststellen.

Idee: Eine Text-Datei zeilenweise lesen; es kommt nur auf das '\n' an.

Lösung:

```cpp
// BSP_8_1_3       zaehlt die Zeilen einer Datei
#include <iostream>
#include <fstream>
using namespace std;
int main(void)
{
    int zzeile;
    char f_name[20];
    char zeile[81];
    fstream f;          // Filevariable vereinbaren
    cout << "Gib Dateinamen ein: ";
    cin >> f_name;
    f.open(f_name, ios::in | ios::nocreate);
    if(!f)             // falls Oeffnen nicht moeglich
    {
        cerr << "Datei kann nicht geoeffnet werden" << endl;
        exit (-1);     // Programmabruch
    }
    zzeile = 0;        // Zeilenzaehler
    while(f.getline(zeile, 81))    // liefert 0 falls EOF
        zzeile++;
    f.close();
    cout << "Die Datei " << f_name << " hat "
        << zzeile << " Zeilen." << endl;
    return 0;
}
```

8.2 Binärdateien

Zahlenwerte lassen sich oft erheblich platzsparender in Binärdateien speichern. Diese Dateien enthalten direkte Abbilder der internen binären Darstellung der Daten. Damit entfällt für diesen Dateityp der Schritt der Wandlung in (ASCII-) Zeichen. Zugriffe auf Binärdateien sind daher schneller als auf Textdateien.

Vereinbarung von Binärdateien (Beispiel)
```
fstream bin_out, bin_in;
bin_out.open("outdat", ios::out | ios::binary);
bin_in.open("indat", ios::in | ios::binary);
```

Lesen und Schreiben von Binärdateien
```
<name>.read(<zeiger_auf_1.byte>, <anz_der_byte>);
<name>.write(<zeiger_auf_1.byte>, <anz_der_byte>);
```

Folgende Anweisung schreibt einen **float**-Wert x binär in die Datei mit dem Deskriptor f:

```
f.write((char*)&x, sizeof(x));          // casten
```

Binärdateien sind nur mit Programmen beschreibbar und lesbar (nicht mit einem Text-Editor). Sie besitzen keine Zeilenstruktur.

Dateien vom Typ „binary" können am Bildschirm nicht direkt ausgegeben und auch nicht sinnvoll ausgedruckt werden.

Im folgenden Beispiel greifen wir auf die Demonstrationsprogramme des vorangegangenen Kapitels zurück, ersetzen jedoch die Text-Datei durch eine Binärdatei:

```
// BSP_8_2_1
#include <iostream>
#include <fstream>
#include <cmath>
#include <cstdlib>
using namespace std;
int main(void)
{     int k;
      float wert;
      fstream f;
      f.open("wurzel_2.txt", ios::out | ios::binary);
      if(!f)
      {
         cerr << "Datei kann nicht geoeffnet werden!" << endl;
         exit (-1);
      }
      for(k=1;k<=100;k++)
      {
          wert = sqrt((double)(k));
          f.write((char *)&wert, sizeof(wert));
      }
      f.close();
      return 0;
}
```

Die im aktuellen Verzeichnis erzeugte Datei WURZEL_2.TXT besitzt eine Länge von 400
Byte: 100 x (Speicherbedarf für **float**) = 100 x 4 Byte = 400 Byte.

Überzeugen Sie sich mit Hilfe eines Editors vom Binärinhalt der Datei.

Mit dem folgenden Programm lässt sich die Datei WURZEL_2.TXT lesen und am Bildschirm ausgeben:

```
// BSP_8_2_2
#include <iostream>
#include <fstream>
#include <cstdlib>
#include <iomanip>
using namespace std;
int main(void)
{
    int k;
    float wert;
    fstream f;
    f.open("wurzel_2.txt", ios::in | ios::binary);
    if(!f)
    {
      cerr << "Datei kann nicht geoeffnet werden!" << endl;
      exit (-1);
    }
    while(f.read((char*)&wert, sizeof(wert)))
    {
        cout << setw(10) << setiosflags(ios::fixed)
             << setprecision(3) << wert << endl;
    }
    f.close();
    return 0;
}
```

Während Text-Dateien unterschiedliche Zeilenlängen haben können (z. B. ein C++-Quell-
programm), ist eine Binärdatei aus Einheiten konstanter Länge aufgebaut. Ein Trennzeichen ist deshalb überflüssig. Diese Einheiten nennt man auch Records.

Aufbau einer Binärdatei:

```
* * * * * * | * * * * * | * * * * * * | ... ... | * * * * * <EOF>
```

Dadurch ist für Binärdateien ein direkter Zugriff auf das k. Record möglich.

Die C++-Klassen (→ s. Kap. 9) *ostream* und *istream*, definiert in der Header-Datei
iostream, bieten jeweils einen logischen Schreib- und Lesezeiger sowie entsprechende Elementfunktionen zur Abfrage und Manipulation.

Funktionen zum Direktzugriff

Positionierung des Lesezeigers:

```
<name>.seekg(<anz_der_bytes>, <seek_dir>)
```

```
<anz_der_bytes>:  long int
<seek_dir>      = ios::beg: relativ zum Dateianfang
                = ios::cur: relativ zur aktuellen Position
                = ios::end: relativ zum Dateiende
```

Beachte: Das erste Byte hat die Nr. 0!
Beispiel: Zugriff auf das 17. Byte einer Datei
```
#include <iostream>
#include <fstream>
...
fstream in_z;
...
in_z.seekg(16, ios::beg);
...
```

Positionierung des Schreibzeigers:

```
<name>.seekp(<anz_der_bytes>, <seek_dir>)
```

```
<anz_der_bytes> :  long int

<seek_dir>      =  ios::beg: relativ zum Dateianfang
                =  ios::cur: relativ zur aktuellen Position
                =  ios::end: relativ zum Dateiende
```

Beispiel: Zugriff um 9 Bytes zurück

```
#include <iostream>
#include <fstream>
...
fstream out_z;
...
out_z.seekp(-9, ios::cur);
...
```

Aktuelle Position des Lesezeigers:

```
<long_var> = <name>.tellg()
```

```
<long_var>: long int - Variable zur Position des Zeigers
```

Beachte: Das erste Byte hat die Nr. 0!
Beispiel: Abfragen des Lesezeigers
```
#include <iostream>
```

```
                  #include <fstream>
                  ...
                  fstream in_z;
                  streampos lz;        // sicherer als: long int lz;
                  ...
                  lz = in_z.tellg();
                  ...
```

Aktuelle Position des Schreibzeigers:

```
<long_var> = <name>.tellp()
```

    <long_var>: **long int** - Variable zur Position des Zeigers
    Beachte: Das erste Byte hat die Nr. 0!
    Beispiel: Abfragen des Schreibzeigers

```
                  #include <iostream>
                  #include <fstream>
                  ...
                  fstream out_z;
                  streampos sz;        // sicherer als: long int sz;
                  ...
                  sz = out_z.tellp();
                  ...
```

Der Direktzugriff auf Dateien bietet eine bequeme Möglichkeit, einzelne Records in großen Dateien gezielt anzusprechen und zu ändern.

■ **Beispiel**

In unserer angelegten Datei WURZEL_2.TXT wollen wir den 49.Eintrag modifizieren.

```
// BSP_8_2_3
#include <iostream>
#include <iomanip>
#include <fstream>
#include <cstdlib>
using namespace std;
int main(void)
{
    float dateiwert, neu;
    fstream f;
    f.open("wurzel_2.txt", ios::out | ios::in | ios::binary);
    if(!f)
    {
        cerr << "Datei kann nicht geoeffnet werden" << endl;
        exit(-1);
    }
    // direkt lesen
    f.seekg(48*sizeof(float),ios::beg);
```

```
cout << "Inhalt von 49. Eintrag vor Aenderung: ";
f.read((char *)&dateiwert,sizeof(dateiwert));
cout << setw(10) << setiosflags(ios::fixed)
     << setprecision(3) << dateiwert << endl;
// direkt schreiben
neu = -1.0;
f.seekp(48*sizeof(float),ios::beg);
f.write((char *)&neu,sizeof(neu));
// erneut direkt lesen
f.seekg(48*sizeof(float),ios::beg);
cout << "Inhalt von 49. Eintrag NACH Aenderung: ";
f.read((char *)&dateiwert,sizeof(dateiwert));
cout << setw(10) << setiosflags(ios::fixed)
     << setprecision(3) << dateiwert << endl;
f.close();
return 0;
}
```

Ausgabe:

```
Inhalt von Eintrag 49 vor Änderung: 7.000 Inhalt nach Änderung: -1.000
```
■

8.3 Aufgaben

1. Schreiben Sie ein Programm, mit dem eine Text-Datei „UEB1.TXT" angelegt wird, die folgende Tabelle (von 1...n) enthält:

   n   log(n)   sqrt(n)

   n wird eingelesen. Prüfen Sie das Inhaltsverzeichnis.

2. Schreiben Sie ein 2. Programm, das den Namen der oben angelegten Datei im Dialog übernimmt und geben Sie die Tabelle auf dem Bildschirm aus.

3. Stellen Sie fest, wie lang die längste Zeile und die kürzeste Zeilenlänge eines C++-Quellprogramms sind. Das untersuchte Quellprogramm ist als Textdatei einzulesen.

   Anleitung: Benutzen Sie die Elementfunktion <name>.getline(zeile,**sizeof**(zeile)).

4. Schreiben Sie ein Programm, mit dem festgestellt werden kann, wie häufig ein bestimmtes Zeichen in einer Textdatei vorkommt. Das Zeichen soll im Dialog eingegeben werden.

5. Schreiben Sie ein Programm, das eine Tabelle als Datei ablegt. Die Tabelle soll für i = 1 bis i = 1000 enthalten:

	i	i * i	sqrt(i)	log(i)
Typen:	**int**	**int**	**float**	**float**

Prüfen Sie, ob der gewählte Dateiname bereits existiert und geben Sie eine entsprechende Warnung aus. Fordern Sie zur Eingabe eines neuen Namens auf. Geben Sie die erzeugte Datei am Bildschirm aus (Editor).

6. Schreiben Sie ein Programm, mit dem auf die in Aufgabe 5 angelegte Datei wahlfrei zugegriffen werden kann. Das Programm soll im Dialog die Integer-Größe n einlesen und den n. Eintrag der Datei ausgeben.

Anleitung: Bei dem Positionieren des Lesezeigers ist bei Text-Dateien das Format zu berücksichtigen, mit dem die Daten in die Datei geschrieben wurden. Beachten Sie die Zeichen CR und LF am Zeilenende.

9 Einführung in die OOP mit C++

Die objektorientierte Programmierung (OOP) ist ein hilfreiches Konzept zur Entwicklung von Programmen. C++ bietet im Gegensatz zu C hierfür bestimmte Werkzeuge an, was aber nicht bedeutet, dass die Programmierung mit C++ automatisch objektorientiert ist. Es ist sogar möglich, mit C objektorientiert zu programmieren, allerdings nicht so komfortabel wie unter C++.

Die OOP sollte nicht als Alternative zu der konventionellen prozeduralen Programmierung gesehen werden, die es erlauben würde, auf die bisher vorgestellten Inhalte zu verzichten. Sie stellt eher einen „Überbau" zur konventionellen Programmierung dar, ergänzt sie also. Selbst Programmiersprachen wie Java, die ausschließlich objektorientiert angelegt sind, gehen in der tiefsten Implementierungsebene schließlich zurück auf die konventionelle prozedurale Programmierung.

Bevor wir die Prinzipien der OOP vorstellen, führen wir den Datentyp *class* wie einen „normalen" C++Datentyp ein:

9.1 Klassen

Eine Klasse ist ein benutzerdefinierter Datentyp und wird durch das Schlüsselwort **class** definiert. Klassen stellen eine Verallgemeinerung des Datentyps **struct** dar. Eine Klasse wird als globale Datenstruktur außerhalb von Funktionsmodulen bereitgestellt. Im einfachsten Fall unterscheidet sich eine Klasse praktisch kaum von einer Struktur:

```
class <klassenname>
{
  public:
     <Datentyp> <bezeichner>;
     <Datentyp> <bezeichner>;
     .....
     <Datentyp> <bezeichner>;
};
```

■ **Beispiel**

```
class student
{
  public:
     char name[20];
     long int mat_nr;
     int fachbereich;
};
int main( )
{
  class student s1;    // oder einfach: student s1;
```

```
...
cin >> s1.name;
...
k = s1.mat_nr;
....
```
■

Das Beispiel zeigt, dass ein Zugriff auf die Daten einer Klasse mit dem gleichen Mechanismus erfolgt wie bei Strukturen. Über den Zugriffsmodifizierer, das Schlüsselwort **public**, wird der Zugriff auf die Klassenelemente „öffentlich zugelassen", d. h. von allen Programmmodulen aus erlaubt. Eine Klasse bietet die Möglichkeit, Teile ihrer Elemente als **private** (bzw. **protected**) zu deklarieren, um damit einen Zugriff von außerhalb der Klasse zu unterbinden. Standardmäßig, d. h. ohne Angabe eines Zugriffsmodifizierers sind alle Elemente einer Klasse **private**, dagegen die Elemente einer Struktur grundsätzlich **public**. Die Bedeutung dieser Zugriffssteuerung stellt eines der Grundprinzipien der OOP dar und wird im nächsten Kapitel erklärt.

Ein weiterer Unterschied von Klassen gegenüber Strukturen besteht darin, dass Klassen neben Datenfeldern auch Funktionen, sog. Elementfunktionen (auch *Methoden* der Klasse genannt), enthalten können, die ebenfalls den Zugriffsmodifizierern unterliegen:

Allgemeiner Klassenaufbau:

```
class <klassenname>
{
   public:
      <datentyp> <datenbezeichner>; // 1. public Datenelement
      <datentyp> <datenbezeichner>; // 2. public Datenelement
      ...
      <methodentyp> <methodenname(parameter...)> // 1.public
                                          // Elementfunktion
      {
         <Anweisungen der Methode>
      }
      <methodentyp> <methodenname(parameter...)>// 2.public
                                          // Elementfunktion
      {
         <Anweisungen der Methode>
      }
      .....
   private:
      <datentyp> <datenbezeichner>; // 1. private Datenelement
      <datentyp> <datenbezeichner>; // 2. private Datenelement
      ...
       <methodentyp> <methodenname(parameter...)> // 1.private
                                          // Elementfunktion
      {
         <Anweisungen der Methode>
      }
```

```
    <methodentyp> <methodenname(parameter...)> // 2.private
                                                // Elementfunktion
    {
        <Anweisungen der Methode>
    }
};
```

■ **Beispiel: Klasse student**

```
#include <iostream> //BSP_9_1_1
#include <cstdio>
#include <cstdlib>
#include <iomanip>
using namespace std;
class student
{
    public:
        char name[20];
        long int mat_nr;
        void set_anzahl(int anzahl)
        { anzahl_lv = anzahl; }
        void set_notenschnitt(float schnitt)
        {   noten_mittel = schnitt; }
        void neuer_schein(float note)
        {
            float sum = noten_mittel*anzahl_lv;
            noten_mittel = (sum + note)/(anzahl_lv+1);
            anzahl_lv++;
        }
        int zeige_anzahl()
        { return anzahl_lv; }
        float zeige_notenschnitt()
        { return noten_mittel;}
    private:
        int anzahl_lv;
        float noten_mittel;
};
//------------------------------------------------
int main(void)
{
    class student s1;
    strcpy_s(s1.name,"Klever");
    s1.mat_nr = 123456;
    s1.set_anzahl(4);
    s1.set_notenschnitt(1.6);
    cout << fixed << setprecision(1)
         << s1.name << " hat bisher " << s1.zeige_anzahl()
```

```
        << " Lehrveranstaltungen besucht " << endl
        << "bisheriger Notendurchschnitt: "
        << s1.zeige_notenschnitt() << endl << endl;
    s1.neuer_schein(2.0);
    s1.neuer_schein(1.5);
    cout << s1.name << " hat nun " << s1.zeige_anzahl()
        << " Lehrveranstaltungen besucht " << endl
        << "neuer Notendurchschnitt: "
        << s1.zeige_notenschnitt() << endl;
    return 0;
}
```

Programmausgabe:

```
Klever hat bisher 4 Lehrveranstaltungen besucht
bisheriger Notendurchschnitt: 1.6

Klever hat nun 6 Lehrveranstaltungen besucht
neuer Notendurchschnitt: 1.7                            ■
```

In diesem Beispiel wird eine Klasse *student* definiert, die neben einer Anzahl von **public** und *private*-Datenelementen auch einige **public**-Methoden bereitstellt:

void set_anzahl(**int** anzahl)	: Setzen der Anzahl der Lehrveranstaltungen
void set_notenschnitt(**float** schnitt)	: Setzen des Notendurchschnitts bisheriger Lehrveranstaltungen
void neuer_schein(**float** note)	: Hinzufügen einer neuen Note und Ermitteln des neuen Durchschnitts
int zeige_anzahl()	: Rückgabe der aktuellen Anzahl der Lehrveranstaltungen
float zeige_notenschnitt()	: Rückgabe des aktuellen Notendurchschnitts

private-Methoden gibt es in diesem Beispiel nicht.

Die *main()*-Funktion legt mit der Anweisung **class** student *s1* ein Objekt *s1* der Klasse *student* an. Ein Zugriff auf **public**-Daten oder Elementfunktionen erfolgt stets über Angabe des zugehörigen Objektnamens, z. B.

s1.mat_nr oder s1.zeige_anzahl();	Zugriffe auf private Elemente sind nur innerhalb der Klasse erlaubt, nicht jedoch von außerhalb der Klasse. So führen z. B. Anweisungen in der *main()*-Funktion wie
s1.anzahl_lv = 12; oder cout << s1.noten_mittel;	

wegen Zugriffsverletzungen zu Fehlermeldungen.

Natürlich hätte man im obigen Programm auch gleich mehrere Objekte des Typs student vereinbaren können, z. B. mit: **class** student s1,s2,s3;

Die Datenelemente der Klasse wären dann dreimal angelegt worden und eindeutig durch die Schreibweise *s2.name* oder *s3.name* zu unterscheiden. Der Code der Klassenmethoden gilt für alle angelegten Objekte der Klasse. Bei ihrem Aufruf wird der Zugriff auf die „eigenen" Datenelemente des jeweiligen Objekts ebenfalls ermöglicht durch Angabe des Objektnamens, z. B. *s2.zeige_notenschnitt()*.

Mit Hilfe des **sizeof()**-Operators lässt sich der Speicherbedarf von Klassen und Objekten ermitteln:

Speicherbedarf des Typs: **sizeof**(<class>) : z. B. : 32
 sizeof(student)

Speicherbedarf des Objekts: **sizeof**(<object>) : z. B. **sizeof**(s1) : 32

Die Größe von 32 Byte ergibt sich im obigen Beispiel aus der Definition der Datenstruktur der Klasse:

name[20] =>20Byte; 3xInteger =>12Byte.

9.2 Der ObjektOrientierte Ansatz

Bei der OOP hat der Begriff der Klasse zentrale Bedeutung. Wir werden uns daher im weiteren Verlauf dieses Kapitels mit dem praktischen Einsatz und Umgang von Klassen beschäftigen.

Worin unterscheidet sich ein OOP-Ansatz von der konventionellen prozeduralen Programmierung? Wir kommen noch einmal zurück auf das Beispiel im vorigen Abschnitt. Um für einen Studenten die Veränderungen des Notendurchschnitts durch die Berücksichtigung einiger neuen Scheine zu berechnen, hätte man in der konventionellen Programmierung vermutlich, ohne überhaupt weitere Funktionen zu verwenden, schnell ein kurzes *main()*-Programm geschrieben, das sehr effizient das spezielle Problem gelöst hätte.

Beim OO-Ansatz denkt man wesentlich allgemeiner und umfassender. Dem OOP-Programmierer könnten z. B. die folgenden Gedanken durch den Kopf gehen:

*Um was geht es eigentlich? Es geht um Studenten. Studenten sind die Objekte (das ist nicht despektierlich gemeint). Es ist eine Klasse zu entwickeln, deren Objekte Studenten sind. Welche Eigenschaften haben Studenten? Sie haben einen Namen und eine Matrikelnummer. Sie haben sicher noch andere, aber von denen abstrahieren wir hier. Diese Daten sollten für jeden Studenten verfügbar, d. h. gespeichert und abrufbar sein. Studenten können eine Anzahl von Lehrveranstaltungen besuchen, für die Noten vergeben werden. Die Durchschnittsnote ist eine interessante Eigenschaft, die sich bei jedem neuen Schein verändert. Bei Eingabe eines neuen Scheins mit Hilfe einer Methode soll in einer weiteren Methode der neue Durchschnitt automatisch berechnet werden und jederzeit abrufbar sein. Der neu berechnete Notendurchschnitt und die neu berechnete Anzahl der Lehrveranstaltungen sollen nicht direkt von „außen" manipulierbar sein, diese Daten legt man am besten als **private** an. Über Read-only-Methoden kann man* *auf sie zugreifen. Zu Beginn muss für jeden Studenten noch die bisher besuchte Anzahl der Lehrveranstaltungen und der bis dahin geltende Notendurchschnitt über Methoden eingegeben werden. Für das aktuelle Problem genügt mir der Student „Klever" und die Bearbeitung einiger neuer Scheine. Aber wenn erstmal die Klasse student implementiert ist, kann ich später in einem anderen Programm (mit einer anderen main()-Funktion) wieder darauf zurückgreifen, um ein ähnliches Problem zu lösen.*

Für den OO-Ansatz steht also die Entwicklung einer Klasse (oder mehrerer) im Mittelpunkt, die losgelöst von einem „Hauptprogramm" bereitgestellt, d. h. entwickelt wird. Die Eigenschaften der Objekte werden dabei als Daten der Klasse implementiert. Durch sie ist ein bestimmter <u>Zustand</u> eines Objektes definiert. Die Methoden der Klasse operieren mit den Daten eines Objekts und überführen das Objekt in einen anderen Zustand. Diese Methoden unterscheiden sich von den übrigen globalen Funktionen dadurch, dass sie innerhalb der Klasse definiert werden und eng an die Objekte der Klasse gebunden sind. Die Zugriffsmodifizierer **public** und **private** (es gibt auch noch **protected**, → Kap. 9.11) definieren die Schnittstelle der Klasse nach außen. Nur **public**-Elemente sind von außerhalb der Klasse sichtbar. Durch das „Verbergen" von **private**-Elementen („information hiding", auch „Kapselung" genannt) wird verhindert, dass ein Anwender der Klasse diese Daten direkt manipulieren kann, was bei komplex aufgebauten Klassen zu inkonsistenten und unübersichtlichen Objektzuständen führen kann. Dadurch wird die Software sicherer und robuster gegen Fehler. Besonders bei größeren Software-Projekten erweist sich dieser Zugriffsschutz als sehr nützlich: Ein Anwender einer Klasse muss sich nicht mit den internen Einzelheiten der Klasse beschäftigen und ihre Implementation verstehen, er muss nur mit der Schnittstelle der Klasse umgehen.

Das Verbergen von Daten gehört zu den Grundprinzipien der OOP.

Aus dem beschriebenen Beispiel wird deutlich, dass die OOP einen gewissen „Overhead" aufweist. Im Mittelpunkt steht nicht die Programmentwicklung für die zielgerichtete Lösung eines Einzelproblems, sondern die Entwicklung der Klasse(n), die sehr viel allgemeiner die Eigenschaften der Objekte (Klassendaten) und Manipulationsmöglichkeiten dieser Eigenschaften (Klassenmethoden) beschreibt, die vielleicht gar nicht alle im aktuellen Problem gebraucht werden. Die OOP wird daher hauptsächlich in größeren Projekten (>1000 Codezeilen) eingesetzt, bei denen häufiger auf zuvor erstellte Klassen zurückgegriffen wird. Die Wiederverwendbarkeit von Code durch wiederholten Einsatz einmal entwickelter Klassen und durch die Ableitung neuer Klassen von bereits bestehenden („Vererbung") sind wesentliche Merkmale der OOP.

Die wichtigsten Fähigkeiten der OOP sind:

- Kapselung und das Verbergen von Daten
- Polymorphie
- Vererbung

Polymorphie und Vererbung werden in den nächsten Abschnitten vorgestellt.

9.3 Konstruktoren und Destruktoren

Wie wir wissen, wird durch die Deklaration einer gewöhnlichen Variablen, z. B

```
float x;    // Reservierung von 4 Bytes
```

der erforderliche Speicher zur Aufnahme eines entsprechenden Datums reserviert. In C/C++ ist es möglich, die Variable bei der Deklaration mit einem bestimmten Wert zu initialisieren:

```
float x = 4.56;
```

Um Objekte einer Klasse zu erzeugen, schreiben wir z. B.

```
class student s1, s2; // Reservierung von 2 x 32 Bytes
```

s1 und *s2* sind „Instanzen" der Klasse *student*. Der Begriff „ Instanz oder Objekt einer Klasse" entspricht dem Begriff „Variable eines bestimmten gewöhnlichen Datentyps", z. B. *x* mit Datentyp *float*.

Mit der obigen Deklaration haben die erzeugten Instanzen (Objekte) noch keinerlei Daten. Diese erhalten sie entweder über direkte Zuweisungen, sofern sie *public* sind, z. B.

```
s1.mat_nr = 345678;

strcpy_s(s2.name, "weisalles");
```

oder durch Aufruf von *public* Klassenmethoden, z. B:

```
s1.set_notenschnitt(2.4);
```

Auch Instanzen einer Klasse können bei ihrer Deklaration initialisiert werden. Dies geschieht über die sog. Konstruktoren der Klasse. Ein Konstruktor ist eine spezielle Methode, die keinen Datentyp besitzt, also auch keinen Rückgabewert, und stets den Namen der Klasse hat. Konstruktoren befinden sich grundsätzlich im *public*-Bereich der Klasse. Wir führen einen Konstruktor in die Klasse *student* ein:

```
class student
{
  public:
    student(char *nachname, long int nummer=0) // Konstruktor
    {
        strcpy_s(name, nachname);
        mat_nr = nummer;
        anzahl_lv = 0;
        noten_mittel = 0;
    }
    char name[20];
    ......
    ......
```

Konstruktoren werden automatisch immer beim Anlegen von Instanzen im Hauptprogramm aufgerufen. Es gibt zwei mögliche Schreibweisen; für unser Beispiel lauten diese:

- explizit: **class** student s1 = student ("Klever", 123456);

- implizit: **class** student s1("Klever", 123456);

In der Praxis benutzt man meistens die kürzere implizite Form.

Nachdem wir einen parametrisierten Konstruktor in unserer Klasse eingeführt haben, würde unsere alte Deklaration

```
class student s1;   //keine Parameter
```

nun zu einer Fehlermeldung führen, da der neue Konstruktor nicht zu dieser Deklaration passt. Es ist jedoch möglich mit Hilfe der *Funktionsüberladung* mehrere Konstruktoren in die Klassendefinition einzubauen. Bei der Bildung eines Objekts wird dann automatisch derjenige Konstruktor benutzt, der „passt".

Der Standardkonstruktor

Ein Konstruktor ohne Parameter heißt Standardkonstruktor. Mit Standardkonstruktoren werden nicht-initialisierte Objekte der Klasse erzeugt. Enthält eine Klasse keinen Konstruktor (wie unser erstes Beispiel), wird ein nicht sichtbarer Standardkonstruktor benutzt, der nichts tut. Im obigen Beispiel ist das der Konstruktor

```
student( ) {} // Default-Konstruktor
```

Diesen müssten wir neben unserem parametrisierten Konstruktor nun explizit zusätzlich in unsere Klasse aufnehmen, wenn wir sowohl initialisierte als auch nicht-initialisierte Objekte erzeugen wollen, da der unsichtbare Default-Konstruktor nicht mehr angesprochen werden kann, sobald ein Konstruktor in der Klasse explizit definiert wird.

Standardkonstruktoren können aber auch vollständig mit Vorgabewerten ausgestattet sein, z. B.

```
//Konstruktor mit Vorgabe:
student(char *nachname = "noname", long int nummer = -999999)
{
   strcpy_s(name, nachname);
   mat_nr = nummer;
}
```

oder innerhalb ihres Funktionskörpers eine Initialisierung der Elementdaten vornehmen, z. B.

```
student()                   // Konstruktor
{
   strcpy_s(name, "noname");
   mat_nr = -999999;
}
```

Wir wollen die unterschiedlichen Möglichkeiten der Konstruktor-Aufrufe an einer sehr einfach aufgebauten Klasse *punkt* demonstrieren:

■ Programmbeispiel: Konstruktor1

```
// BSP_9_3_1   --- Sichtbarmachen der Konstruktor-Aufrufe ---
#include <iostream>
using namespace std;
class punkt
{
    public:
      punkt()                          // Default Konstruktor
      { cout << "***Default-Konstruktor aufgerufen" << endl;}
      punkt(int x, int y, int z)      // parametrisierter K.
      {
         cout << "***Konstruktor mit Initialisierung aufgerufen"
             << endl;
         _x = x;
         _y = y;
         _z = z;
      }
      punkt(int x, int y)              // teil-parametrisierter K.
      {
         cout << "***Konstruktor mit z=0 aufgerufen"
             << endl;
         _x = x;
         _y = y;
         _z = 0;
      }
      punkt(int z)                     // teil-parametrisierter K.
      {
        cout << "***Konstruktor mit x=y=0 aufgerufen"
             << endl;
         _x = 0;
         _y = 0;
         _z = z;
      }
      void ausgabe()
      {
         cout << "x-Koordinate: " << _x << endl
             << "y-Koordinate: " << _y << endl
             << "z-Koordinate: " << _z << endl;
      }
    private:
      int _x,_y,_z;
};
//-----------------------------------------
int main(void)
{    class punkt p1;
```

```
class punkt p2(2, 5, 3);
class punkt p3(6, 4);
class punkt p4(100);
cout << endl << "Ausgabe p1:" << endl;
p1.ausgabe();
cout << endl << "Ausgabe p2:" << endl;
p2.ausgabe();
cout << endl << "Ausgabe p3:" << endl;
p3.ausgabe();
cout << endl << "Ausgabe p4:" << endl;
p4.ausgabe();
return 0;
}
```

Das Programm erzeugt die Ausgabe:

```
***Default-Konstruktor aufgerufen
***Konstruktor mit Initialisierung aufgerufen
***Konstruktor mit z = 0 aufgerufen
***Konstruktor mit x = y = 0 aufgerufen

Ausgabe p1:
x-Koordinate: 4285524
y-Koordinate: 4359664
z-Koordinate: 1

Ausgabe p2:
x-Koordinate: 2
y-Koordinate: 5
z-Koordinate: 3

Ausgabe p3:
x-Koordinate: 6
y-Koordinate: 4
z-Koordinate: 0

Ausgabe p4:
x-Koordinate: 0
y-Koordinate: 0
z-Koordinate:100
```
■

Je nach Übereinsimmung der Parameter wird ein passender Konstruktor beim Anlegen der Objekte ausgewählt. Die Instanz *p1* wird nicht initialisiert, deshalb enthält die Ausgabe von *p1* Zufallswerte.

Der Kopierkonstruktor

Im „Hauptprogramm" (*main()*-Funktion) lässt sich ein neues Objekt aus einer bestehenden Instanz einer Klasse einfach durch Kopieren erzeugen, z. B.

```
int main(void)
{
   class student s1("Klever", 123456);
   class student s2 = s1; //Instanzbildung durch Kopieren
   // alternative Schreibweise: class student s2(s1);
   .........
```

Damit wird eine Kopie der Instanz *s1* angelegt, d. h. *s2* enthält die gleichen Daten wie *s1*, unabhängig davon, mit welchem Konstruktor *s1* erzeugt wurde. Natürlich sind die Klassendaten von *s2* anschließend veränderbar.

Die Instanzenbildung durch Kopieren wird ermöglicht mit Hilfe eines, in jeder Klasse stets vorhandenen unsichtbaren, Kopierkonstruktors, der eine bitweise Kopie der betreffenden Instanz erzeugt. In unserer Klasse *student* ist er wie folgt definiert:

```
class student
{
   public:
      ........      // evtl. andere Konstruktoren
      student(const student &ursprung_student) // Kopierk.
      {
         strcpy_s( name,ursprung_student.name);
         mat_nr = ursprung_student.mat_nr;
         anzahl_lv = ursprung_student.anzahl_lv;
         noten_mittel = ursprung_student.noten_mittel;
      }
   ..............
```

Der Parameter des Konstruktors ist eine Referenz auf das zu kopierende Objekt *ursprung_student*. Bei einem Aufruf durch die Anweisung im Hauptprogramm

```
   class student s2 = s1;
```

wird &*s1* als Parameter übergeben und auf &*ursprung_student* abgebildet. Damit das Original bei der Referenzübergabe nicht verändert werden kann, ist sicherheitshalber noch das Schlüsselwort *const* dem Parameter vorangestellt.

Durch die Definition eines explizit aufgeführten Kopierkonstruktors in der Klasse kann man auf den ausgeführten Code Einfluss nehmen.

Beachte: **class** abc x1,x2,x3;

```
      ...
      class abc x4=x1; // Kopierkonstruktor, neues Objekt
      ...
      x3 = x1;          // Objektkopie, kein Kopierkonstruktor,
                        // kein neues Objekt
```

■ Programmbeispiel: Kopierkonstruktor

```
// BSP_9_3_2              --- Kopierkonstruktor ---
#include <iostream>
using namespace std;
class punkt
{

   public:
     punkt(int x, int y, int z)           // Konstruktor
     {
       cout << "Konstruktor mit Initialisierung aufgerufen"
            << endl ;
       _x = x ;
       _y = y ;
       _z = z ;
     }
     punkt (punkt &original_punkt)        // Kopierkonstruktor
     {
       cout    << "Kopierkonstruktor aufgerufen" << endl;
       _x = original_punkt._x;
       _y = original_punkt._y ;
       _z = original_punkt._z ;
     }
     void ausgabe()
     {
       cout   << "x-Koordinate: " << _x << endl
              << "y-Koordinate: " << _y << endl
              << "z-Koordinate: " << _z << endl;
     }
   private:
     int _x, _y, _z ;
};
//----------------------------------------------------
   int main(void)
   {
     class punkt p1(2, 5, 3);
     class punkt p2 = p1;
     cout << endl << "Ausgabe p2: " << endl;
     p2.ausgabe();
     return 0;
   }
```

Programmausgabe:

```
Konstruktor mit Initialisierung aufgerufen
Kopierkonstruktor aufgerufen
```

```
Ausgabe p2:
x-Koordinate: 2
y-Koordinate: 5
z-Koordinate: 3                                          ■
```

Destruktoren

Ein Objekt wird nach seiner Erzeugung durch den Konstruktor bis zu seinem Existenzende vom Programm verwaltet. Hört das Objekt auf zu existieren, ruft das Programm automatisch den Destruktor auf. Der Destruktor ist eine spezielle Klassenmethode, die dafür sorgt, dass nach der Auflösung eines Objekts keine „Speicherleichen" übrig bleiben. Dies ist vor allen Dingen bei der Verwendung von dynamischem Speicher notwendig. Dynamischer Speicher, der mit *new* erzeugt wurde, bleibt bis zum Programmende belegt. Dieser Speicher kann bei Bedarf mit *delete* wieder freigegeben werden. Diese Funktion übernimmt dann der Destruktor für den vom Objekt allokierten Speicher.

Enthält die Klassendefinition keinen expliziten Destruktor, so übernimmt ein Default-Destruktor diese Aufgabe. Wäre dieser Destruktor in unserem Beispiel sichtbar, so hätte er das Aussehen:

```
class student
{
  public:
     ….....
     ~student() {} // Standard-Destruktor
  …....
```

Destruktoren besitzen keine Parameter und tragen den Klassennamen, dem das „~"-Zeichen vorangestellt ist.

Um den automatischen Aufruf von Destruktoren in einem Programmbeispiel sichtbar zu machen, verwenden wir wieder unsere Klasse *punkt*. Dabei nutzen wir aus, dass in einem C++-Programm die Lebensdauern von lokalen Variablen und Instanzen auf denjenigen {...}-Block beschränkt bleiben, in dem sie deklariert wurden. (Bei Beendigung des Programms wird zwar auch der Destruktor aufgerufen, wir hätten aber diesen Aufruf nicht mehr sichtbar machen können!)

■ Programmbeispiel: Destruktoraufruf

```
// BSP_9_3_3              --- Destruktoren ---
#include <iostream>
using namespace std;
class punkt
{
  public:
     punkt(int x, int y, int z)
     {
        cout  << "Konstruktor mit Initialisierung aufgerufen"
              << endl;
```

```
          _x = x;
          _y = y;
          _z = z;
        }
      void ausgabe()
      {
        cout    << "x-Koordinate: " << _x << endl
                << "y-Koordinate: " << _y << endl
                << "z-Koordinate: " << _z << endl;
      }
      ~punkt()                //Destruktor
      { cout << "Destruktor aufgerufen" << endl; }
    private:
      int _x, _y, _z;
};
//-------------------------------------------------
int main(void)
{
    {
      cout << "Subblock A" << endl;
      class punkt p1(13, -7, 65);
      cout << "Ausgabe p1:" << endl;
      p1.ausgabe();
    }   // Lebensende von p1
    getchar();          // Pause, weiter mit <Enter>
    {
        cout << endl << "Subblock B" << endl;
        class punkt p1(2, 5, 3);
        cout << "Ausgabe p1:" << endl;
        p1.ausgabe();
    }   // Lebensende von p1
    return 0;
}
```

Das Programm gibt aus:
Subblock A
Konstruktor mit Initialisierung aufgerufen
Ausgabe p1:
x-Koordinate: 13
y-Koordinate: -7
z-Koordinate: 65
Destruktor aufgerufen

Subblock B
Konstruktor mit Initialisierung aufgerufen
Ausgabe p1:
x-Koordinate: 2

```
y-Koordinate: 5
z-Koordinate: 3
Destruktor aufgerufen                                                      ∎
```

9.4 Dateiorganisation

Bisher haben wir in unseren Beispielprogrammen mit nur einer einzigen Quelldatei gearbeitet. In der Praxis legt man bei größeren Projekten jedoch häufig getrennte Dateien für die Klassen an und arbeitet mit *Include-Dateien*, was die Verwendung einer Klasse in verschiedenen Hauptprogrammen vereinfacht. Treten längere Methoden in der Klasse auf, lagert man die Implementation der Methoden in einer separaten Datei aus und deklariert nur den Prototyp der Methode in die Klassendefinition. Damit ergibt sich eine Dreiteilung der Dateistruktur für den Quellcode:

1. Header-Datei für die Klassendeklaration: <classname>.h

```
class   <classname>
{
   Datenstruktur der Klasse
   Prototypen der Methoden
   inline Methoden
};
```

2. Datei für die Implementationen der ausgelagerten Klassenmethoden: <classname>.cpp

```
#include "classname.h"
using namespace std;
<Code der ausgelagerten Methoden>
```

3. Hauptprogramm: <programmname>.cpp

```
#include ....
#include ....
#include "classname.cpp"
<globale Funktionen>
 .........
int main (void)
{
   .....
   .....
}
```

Die Syntax bei *Include*-Angaben ist unterschiedlich für *Include*-Dateien des Compilers und selbstgeschriebene *Include*-Dateien. Letztere werden mit " " geschrieben; sie liegen entweder im aktuellen Verzeichnis oder werden mit vorgesetzten Dateipfad angegeben:

```
#include < c++_Datei >
#include "eigene_datei"
```

Das Schlüsselwort *inline* vor einigen Klassenmethoden ist optional und ein Hinweis für den Compiler, den Code dieser Funktionen wie Makros direkt an die Positionen ihres Aufrufs im Quellcode einzumontieren, um damit den umständlicheren Mechanismus eines Unterprogrammaufrufs zu umgehen. Dies ist sinnvoll, wenn es sich um sehr kleine Klassenmethoden handelt, die den Gesamtcode nur unwesentlich verlängern, dafür jedoch das Programm schneller machen. Der Compiler behandelt Klassenmethoden, die vollständig innerhalb der Klassendeklaration definiert werden, von sich aus als *inline* ohne besondere Kennzeichnung.

Erfolgt die Implementierung der Klassenmethode außerhalb der Klassendeklaration, z. B. in einer separaten Datei *classname.cpp*, so muss der Name der Methode mit dem „Zugehörigkeitsoperator" :: an den Klassennamen gebunden werden,

```
<typ>   <classname>::<methode> (<parameter>)
```

z. B.:
```
void   student::neuer_schein (float note)
{
......
}
```

Bei der Aufteilung in mehrere Quellcode-Module gibt es unterschiedliche Möglichkeiten. Entscheidend ist, dass die mit `#include` einkopierten Programmteile zu einem Gesamtcode führen, der dem unaufgeteilten Originalprogramm entspricht, immer unter Beachtung der Regeln:

- jeder eingesetzte Name muss vor der ersten Benutzung deklariert worden sein
- es dürfen keine Doppeldeklarationen vorkommen.

Als Beispiel einer möglichen Dateistruktur wählen wir unser Studentenproblem:

■ **Programmbeispiel: Dateistruktur**

```
// 1.Datei: student.h  **Definition der Klasse
class student
{
  public:
    char name[20];
    long int mat_nr;
    student(char *nachname, long int nummer); // Konstruktor
    void set_anzahl(int anzahl)
    { anzahl_lv = anzahl; }
    void set_notenschnitt(float schnitt)
    {   noten_mittel = schnitt; }
    void neuer_schein(float note);  // Prototyp
    int zeige_anzahl()
    { return anzahl_lv; }
    float zeige_notenschnitt()
    { return noten_mittel;}
  private:
```

```cpp
        int anzahl_lv;
        float noten_mittel;
};

// 2.Datei: student.cpp     ** Implementation einiger
                            // Klassenmethoden
#include "student.h"

void inline student::neuer_schein(float note)// Inline Funk.
{       float sum = noten_mittel * anzahl_lv;
        noten_mittel = (sum + note) / (anzahl_lv + 1);
        anzahl_lv++;
}
student::student(char *nachname, long int nummer)//Konstruktor
{
        strcpy_s(name, nachname);
        mat_nr = nummer;
        anzahl_lv = 0;
        noten_mittel = 0;
}

// 3.Datei: Hauptprogramm BSP_9_4_1
#include <iostream>
#include <iomanip>
using namespace std;
#include "student.cpp"
int main(void)
{
    class student s1("Klever", 123456);
    s1.set_anzahl(4);
    s1.set_notenschnitt(1.6);
    cout   << fixed << setprecision(1)
           << s1.name << " hat bisher " << s1.zeige_anzahl()
           << " Lehrveranstaltungen besucht " << endl
           << "bisheriger Notendurchschnitt: "
           << s1.zeige_notenschnitt() << endl << endl;
    s1.neuer_schein(2.0);
    s1.neuer_schein(1.5);
    cout   << s1.name << " hat nun " << s1.zeige_anzahl()
           << " Lehrveranstaltungen besucht " << endl
           << "neuer Notendurchschnitt: "
           << s1.zeige_notenschnitt() << endl;
    return 0;
}
```

Eine weitere Variante besteht darin, für eine Klasse nur eine Headerdatei für Klassendeklaration und anschließende Definition der Klassenmethoden anzulegen, die mit einer *include-*

Anweisung eingebunden wird. Da wir in den folgenden Übungsbeispielen nur kleine Projekte vorstellen, werden wir meistens nur mit einer einzigen Quelldatei arbeiten, in der sich alle oben beschriebenen Module befinden.

9.5 Friend Funktionen und -Klassen

C++-Klassen unterstützen die OOP-Forderung des Verbergens von Daten. Das heißt, eine Veränderung von privaten Daten ist nur mit Hilfe von Elementfunktionen möglich. Dieser kontrollierte Zugriff schließt bei richtiger Anwendung der Elementfunktionen Missbrauch und Datenverlust aus. In einigen Fällen ist es aber dennoch nötig, einer klassenfremden Funktion den Zugriff auf *private*-Daten zu gewähren. Eine solche Funktion nennt man *friend*-Funktion. Sie wird am häufigsten eingesetzt, wenn eine Funktion auf zwei separate Klassen gleichzeitig zugreifen muss. Da in diesem Fall eine Funktion nicht Elementfunktion beider Klassen sein kann, wird sie eigenständig als *friend* beider Klassen deklariert.

Zur Demonstration einer **friend**-Funktion entwerfen wir ein neues Beispiel mit zwei Klassen und einer globalen **friend**-Funktion, die auf den *private*-Daten beider Klassen arbeitet:

■ **Beispielprogramm: Friend-Funktion**

```
// BSP_9_5_1
#include <iostream>
using namespace std;
class kreis              //1.Klasse
{
    public:
        kreis    (float mittel_x, float mittel_y,
                  float radius);              //Konstruktor
        void print_kreis();
        float flaeche();
        float umfang();
        friend void punktlage(class kreis kk, class punkt pp);
    private:
        float mx, my, r;
};

class punkt              //2.Klasse
{
    public:
        punkt(float px, float py);
        void verschiebe(float delta_x, float delta_y);
        void print_punkt();
        friend void punktlage(kreis kk, punkt pp);
    private:
        float x,y;
};
```

```cpp
inline kreis::kreis(float mittel_x, float mittel_y,
                    float radius)
{
    mx = mittel_x;
    my = mittel_y;
    r = radius;
}
inline void kreis::print_kreis()
{
    cout   << "Mittelpunkt x-Koordinate: " << mx << endl
           << "Mittelpunkt y-Koordinate: " << my << endl
           << "Radius: " << r << endl;
}
inline float kreis::flaeche()
{   return M_PI * r * r; }
inline float kreis::umfang()
{   return 2 * M_PI * r; }
inline punkt::punkt(float px, float py)
{
    x = px;
    y = py;
}
inline void punkt::verschiebe(float delta_x, float delta_y)
{
    x = x + delta_x;
    y = y + delta_y;
}
inline void punkt::print_punkt()
{
    cout << "x-Koordinate: " << x << endl;
    cout << "y-Koordinate: " << y << endl;
}
// globale Funktion
void punktlage(kreis kk, punkt pp)
{
    float diff_x, diff_y;
    diff_x = kk.mx - pp.x;
    diff_y = kk.my - pp.y;
    if((diff_x*diff_x + diff_y*diff_y)<= kk.r * kk.r)
     cout << "Der Punkt liegt innerhalb des Kreises" << endl;
    else
     cout << "Der Punkt liegt ausserhalb des Kreises" << endl;
}
//-------------------------------------------------------
int main(void)
{
```

```
class kreis k(1.2, 2.5, 5.4);
class punkt p(6.4, 3.8);
cout << "Punkt-Daten" << endl;
p.print_punkt();
cout << "Kreis-Daten" << endl;
k.print_kreis();
punktlage(k, p);
p.verschiebe(-1.8, 4.6);
cout << endl << "verschobene Punkt-Daten" << endl;
p.print_punkt();
punktlage(k, p);
return 0;
}
```

Das Programm gibt aus:
```
Punkt-Daten
x-Koordinate: 6.4
y-Koordinate: 3.8
Kreis-Daten
Mittelpunkt x-Koordinate: 1.2
Mittelpunkt y-Koordinate: 2.5
Radius: 5.4
Der Punkt liegt innerhalb des Kreises

verschobene Punkt-Daten
x-Koordinate: 4.6
y-Koordinate: 8.4
Der Punkt liegt ausserhalb des Kreises                        ■
```

Bei der Erzeugung einer *friend*-Funktion muss das Schlüsselwort *friend* im Prototyp, der sich in der Klassendefinition befindet, eingesetzt werden. Es darf aber nicht in der Funktionsdefinition verwendet werden, die außerhalb der Klassendefinition platziert ist.

Grundsätzlich sollte man mit *friend*-Deklarationen sparsam und überlegt umgehen, weil damit ja die Kapselung von Daten als Grundprinzip der OOP teilweise wieder „durchlöchert" wird.

Weitere Beispiele für *friend*-Funktionen werden wir bei der Operatorüberladung (→ Kap. 9.7) kennenlernen.

9.6 Überladen von Funktionen

In C++ können Funktionen und Operatoren überladen werden. Während die Operatorüberladung grundsätzlich an die Existenz von Klassen gebunden ist (→ s. Kap. 9.7), ist die Funktionsüberladung keine spezielle Eigenschaft von Klassen, also auch ohne Klassenbildung einsetzbar. Erstmals im Kap. 9.3, bei der Vorstellung unterschiedlich parametrisierter Konstruktoren der Klassen, sind wir auf dieses Thema gestoßen. Hier soll nun allgemein auf die Möglichkeit des Überladens von Funktionen eingegangen werden.

Eine Funktion ist charakterisiert durch ihren Namen, den Typ ihres Rückgabewertes und durch die Funktionsparameter. Unter der *Signatur* einer Funktion versteht man die Kombination von Funktionsnamen und der Anordnung der Parameter nach Anzahl und Typ:

Signatur einer Funktion:

Name der Funktion + Reihenfolge und Typen der Parameter

Funktionen unterschiedlicher Signatur werden von C++ als unterschiedliche Funktionen behandelt, können also nebeneinander existieren. Unterschiedliche Signaturen entstehen, wenn Funktionen gleichen Namens jedoch mit unterschiedlicher Parameteranordnung definiert werden. Bei Funktionsaufruf wählt der Compiler diejenige Funktion aus, die von der Signatur her „passt". Überladene Funktionen müssen keine Klassen-Methoden sein!

Das folgende Beispiel soll dies verdeutlichen.

■ **Beispiel: Demonstration Überladung von Funktionen**

```cpp
// BSP_9_6_1
#include <iostream>
using namespace std;
int demo(int a, int b, int c)
{
   return (a + b + c);
}
int demo(int a, int b)
{
   return a * b;
}
float demo(int a)
{
   return 1.0 / a;
}
int main(void)
{  cout << "demo(20,30,60): " << demo(20, 30, 60) << endl;
   cout << "demo(20,30)   : " << demo(20, 30) << endl;
   cout << "demo(20)      : " << demo(20) << endl;
   return 0;
}
```

Ausgabe:
```
demo(20, 30, 60) : 110
demo(20, 30)     : 600
demo(20)         : 0.05
```
■

Die Funktionsüberladung in diesem Beispiel würde wohl eher zur Verwirrung als zur Klarheit beitragen und man hätte in der Praxis für die völlig unterschiedlichen Algorithmen auch unterschiedliche Funktionsnamen gewählt. Sinnvoll eingesetzt kann sie jedoch erheblich zur besseren Lesbarkeit eines Programms beitragen, z. B. bei der Aufgabe, von unterschiedlich vielen Parametern durch eine Funktion das Maximum zu wählen:

```
int max(int i1, int i2, int i3, int i4);    //Prototyp 1
int max(int i1, int i2, int i3);            //Prototyp 2
int max(int i1, int i2);                    //Prototyp 3
int max(int i1);                            //Prototyp 4
```

oder Vorgabewerte von den überladenen Funktionen bereitzustellen, falls nicht alle Parameter angegeben wurden, z. B.

```
float bearbeite_punkt (float x, float y, float z)
                    //1.Funktion
{
     cout << "Der Punkt liegt im 3-dim. Raum" << endl;
     .....
}
float bearbeite_punkt (float x, float y) //2.Funkt. überladen
{
   float z = 0;
   cout << "Der Punkt liegt in der x-y-Ebene" << endl;
   ......
}
```

Es ist zu beachten, dass Signaturen nicht unterschiedlich sind, wenn die Typen der Parameter durch automatisches casten gewandelt werden können. Das ist z. B. bei den „typenverträglichen" Zahlentypen von **float**- und **int**-Typen zu beachten:

■ **Beispiel: Überladen von Funktionen**

```
// BSP_9_6_2
#include <iostream>
using namespace std;
int multipliziere(int a, int b)
{ return a * b; }

int multipliziere(int a, int b, int c)
{ return a * b * c; }
float multipliziere(float a, float b)
{ return a * b; }

int main(void)
{
    int a = 5, b = 4, c = 3;
    float x = 2.4, y = 1.6, z = 0.8;
    cout << multipliziere(a, b) << endl;
    cout << multipliziere(a, b, c) << endl;
    cout << multipliziere(x, y) << endl;
  //cout << multipliziere(a, z) << endl;   Fehler, mehrdeutig!
```

```
    cout << multipliziere(a, b, z) << endl; //!!ok!!
    return 0;
}
```

Das Programm gibt aus:
```
20
60
3.84
0                                                                    ∎
```

Die Überladung von Funktionen wird häufig bei Konstruktoren in Klassen angewandt, um erzeugte Objekte mit einer unterschiedlichen Anzahl von Parametern zu versorgen, (→ vgl. auch Kap. 9.3), z. B.

```
class bankkunde
{
  public:
    bankkunde() {};                        // Default-Konstruktor
    bankkunde(char *name);                 // ueberladen
    bankkunde(char *name, int kontonr);    // ueberladen
    bankkunde(char *name, int kontonr, float kontostand);
                                           // ueberladen
... ........
```

Damit sind z. B. die folgenden Instanzbildungen im Hauptprogramm möglich:

```
    class bankkunde k1("Reich", 987654, 15000.45);
    class bankkunde k2;
    class bankkunde k3("Meier", 2056943);
    class bankkunde k4("Schneider");
```

Viele Funktionen der Laufzeitbibliothek von C++ sind überladen und können deshalb sehr flexibel eingesetzt werden.

9.7 Überladen von Operatoren

Die *Operatorüberladung* ist ein weiteres Beispiel für die C++-Polymorphie. Mit Hilfe der Operatorüberladung kann man Objektoperationen zu einem verständlicheren Äußeren verhelfen. Funktionspolymorphie bedeutet, dass mehrere Funktionen den gleichen Namen haben können, solange sie über unterschiedliche *Signaturen* (Argumentenlisten) verfügen. Die Funktionspolymorphie bietet die Möglichkeit, verschiedene Datentypen möglichst einheitlich mit einer Grundfunktion zu bearbeiten. Bei der Operatorüberladung wird dieses Konzept auf Operatoren übertragen. Es ist so möglich, einem C++-Operator verschiedene Bedeutungen zuzuweisen. Dies ist bei Standardtypen des Compilers bereits realisiert. Zum Beispiel wird das *-Zeichen einerseits als Multiplikationszeichen verwendet, anderseits als Indirektionsoperator, um den Wert, der unter einer Adresse abgespeichert ist, anzuzeigen.

In C++ kann die Operatorüberladung auch auf anwenderdefinierte Typen ausgeweitet werden. Damit ein Operator überladen werden kann, muss er in einer *Operatorfunktion* deklariert werden.

> **operator⊗**(Argumentenliste)

wobei ⊗ für das Zeichen eines gültigen C++-Operator (z. B. + , − , < , >=) steht.

Die Operatorüberladung ist grundsätzlich an Klasseninstanzen gebunden. Man kann also nicht dem +-Operator bei dem Datentyp **int** eine neue Bedeutung geben (**int** ist nicht als Klasse angelegt).

Operatorfunktionen können entweder innerhalb von Klassen als Elementfunktion oder außerhalb von Klassen als globale Funktion eingeführt werden:

Schreibweise:	Aufruf als Elementfunktion:	Aufruf als globale Funktion:
a ⊗ b	a.**operator**⊗(b)	**operator**⊗(a, b)

Bei Elementfunktionen ist der 1. Operand identisch mit der aktuellen Instanz, so dass ein Argument weniger auftritt als bei globalen Funktionen. Operatorfunktionen innerhalb von Klassen dürfen maximal nur einen Parameter besitzen (keinen, falls ein unärer Operator vorliegt).

Wir beginnen mit einem Übungsbeispiel, zunächst ohne Operatorüberladung.

Das Ausgangsproblem

■ **Programmbeispiel: `Binär-Byte Version 1`**

Aufgabe: Es ist eine Klasse zur Speicherung und Bearbeitung von 1-Byte-Daten zu entwickeln, die in binärer Form dargestellt werden.

Ansatz: Die Klasse soll „binbyte" heißen, die Objekte sind 1-Byte-Daten (8 Bit Länge) in binärer Form,   z. B. 11001010.

Als *private* Daten soll der Bytestring (*char string[9]*) und der zugehörige dezimale Wert (*int decwert*) geführt werden. Ein Konstruktor initialisiert neu angelegte Objekte mit dem Wert 0, bzw. mit „00000000".
Die folgenden *public* Elementfunktionen sollen bereitgestellt werden:

void input_byte()	Eingabe von 8 Bits durch ausschließliche Annahme der Zeichen „0" und „1"
char *get_byte()	Lesen der Bitfolge eines Bytes
int get_decwert()	Lesen des Dezimalwertes
void add_byte(binbyte &ein_byte)	zum aktuellen Byte „ein_byte" hinzuaddieren
void sum(binbyte &byte1, binbyte byte2)	aktuelles Byte enthält die Summe aus „byte1" und „byte2"

Die beiden Wandel-Routinen *void string_to_dec()* und *void dec_to_string()* werden nur innerhalb einiger Klassenmethoden aufgerufen, sie werden nicht außerhalb der Klasse benötigt und daher als *private* angelegt.

Deklarationen und Definitionen werden weitgehend voneinander getrennt, indem der Code der Methoden ausgelagert wird.

Lösung:

```
// BSP_9_7_1
#include <iostream>
#include <cstdio>
#include <conio.h>    // fuer _getch() (oder getch())
using namespace std;
class binbyte
{
   public:
         binbyte();                //Konstruktor
         void input_byte();
         char* get_byte()
         { return _string; }
         int get_decwert()
         { return decwert; }
         void add_byte(const binbyte &ein_byte);
         void sum(const binbyte &byte1, const binbyte &byte2);

   private:
         char _string[9];
         int decwert;
         void string_to_dec();
         void dec_to_string();
};
// Klassenmethoden
binbyte::binbyte()                //Konstruktor
{
   strcpy_s(_string, "00000000");
   decwert = 0;
}
void binbyte::input_byte()
{
   int i = 0;
   unsigned char c;
   do
   {
     c = _getch();                // oder: getchar()

     if((c =='0')||(c == '1'))
     {
```

```cpp
            cout << (c - '0'); // Echo für den Benutzer
            _string[i] = c;
            i++;
        }

        _string[8] = '\0';    // erzeugten String abschliessen
    }
    while(i<8);
    cout << endl;
    string_to_dec();
}
void binbyte::string_to_dec()
{
    decwert = 0;
    for( int i = 0; i < 8;i++)
        decwert = decwert * 2 + (_string[i] - '0');
}
void binbyte::add_byte(const binbyte &ein_byte)
{
    decwert = (decwert + ein_byte.decwert) % 256;
    dec_to_string();
}

void binbyte::sum(const binbyte &byte1, const binbyte &byte2)
{
    decwert = (byte1.decwert + byte2.decwert) % 256;
    dec_to_string();
}

void binbyte::dec_to_string()
{
    int teiler = 128, wert = decwert;
    for(int i = 0; i < 8; i++)
    {
        _string[i] = '0' + wert / teiler;
        wert = wert % teiler;
        teiler = teiler / 2;
    }
        _string[8] = '\0';  // ordentlich abschließen
}

int main(void)
{
    class binbyte b1, b2, b3;
    cout << "b3: " << b3.get_byte() << endl;
    cout << endl << "Eingabe b1: ";
    b1.input_byte();
```

```
cout   << endl << "Eingabe b2: ";
b2.input_byte();
cout   << "Es wurde eingegeben:" << endl;
cout   << "b1: " << b1.get_byte()
       << " Dezimalwert: " << b1.get_decwert() << endl
       << "b2: " << b2.get_byte()
       << " Dezimalwert: " << b2.get_decwert() << endl
       << endl;
cout   << "b2 zu b1 addieren:" << endl;
         b1.add_byte(b2);
cout   << "b1: " << b1.get_byte()
       << " Dezimalwert: " << b1.get_decwert() << endl
       << "b2: " << b2.get_byte()
       << " Dezimalwert: " << b2.get_decwert() << endl
       << endl;
cout   << "Die Summe von b1 und b2 ist:" << endl;
b3.sum(b2,b1);
cout   << "b3: " << b3.get_byte()
       << " Dezimalwert: " << b3.get_decwert() << endl
       << endl;
b3 = b1;
cout   << "b3 = b1:" << endl;
cout   << "b3: " << b3.get_byte()
       << " Dezimalwert: " << b3.get_decwert() << endl;
return 0;
}
```

Dialog:

```
b3: 00000000

Eingabe b1: 00110001
Eingabe b2: 01011010
Es wurde eingegeben:
b1: 00110001  Dezimalwert: 49
b2: 01011010  Dezimalwert: 90

b2 zu b1 addieren:
b1: 10001011  Dezimalwert: 139
b2: 01011010  Dezimalwert: 90

Die Summe von b1 und b2 ist:
b3: 11100101  Dezimalwert: 229

b3 = b1:
b3: 10001011  Dezimalwert: 139
```

Anmerkungen zum Programm:

Damit nach der Erzeugung eines neuen Objektes definierte Werte vorliegen, initialisiert der Konstruktor mit „00000000" bzw. mit dem Dezimalwert 0. Dies demonstriert die Ausgabe des Programms in der ersten Zeile.

Durch die Methode zur Eingabe *input_byte()* wird der initialisierte Wert überschrieben. Am Ende dieser Funktion erzeugt die **private** Methode *string_to_dec()* den zugehörigen Dezimalwert *decwert*.

Die Additionsroutine *add_byte(**const** binbyte &ein_byte)* addiert *ein_byte* zum aktuellen Byte hinzu, d. h. zum Byte der aufrufenden Instanz, so dass sich der Wert der aufrufenden Instanz verändert. Das Argument ist ein Objekt der gleichen Klasse *binbyte*. Es wird als Referenz übergeben, soll aber selber nicht verändert werden. Dies wird durch das Schlüsselwort **const** kenntlich gemacht, das dem Argument vorgestellt ist.

*sum(**const** binbyte &byte1, **const** binbyte &byte2)* übergibt der aufrufenden Instanz (im Programm ist das *b3*) die Summe der beiden Objekte *byte1* und *byte2*, die ebenfalls wieder als konstante Referenz übergeben werden und somit selber unverändert bleiben. Beide Additionsfunktionen arbeiten mit den Dezimalwerten und bilden mit Hilfe der **private** Methode *dec_to_string()* die Binärbitfolgen.

Mit „=" ist eine direkte Zuweisung einer Instanz an eine andere existierende(!) Instanz möglich. Dabei werden die Datenelemente bitweise kopiert. Dieser Vorgang ruft nicht den Kopierkonstruktor auf, da ja kein neues Objekt erzeugt wird. ■

Überladen des Operators „+="

Wir wollen die Anweisungen im Hauptprogramm

        b1.add_byte(b2);   ersetzen durch b1 += b2;

Dafür muss der Operator „+=", der ja in C/C++ bereits eine feste Bedeutung hat, in unsere Klasse *binbyte* eingeführt werden und bezüglich seiner Wirkung auf Objekte der Klasse definiert werden, d. h. der Operator wird überladen.

Unsere Operatorfunktion lautet:

```
void binbyte::operator+= (const binbyte &ein_byte)
{
    decwert = (decwert + ein_byte.decwert) % 256;
    dec_to_string ();
}
```

Damit wird die Elementfunktion

```
void binbyte::add_byte(const binbyte &ein_byte)
```

in unserer Klasse ersetzt.

Die Anweisung im Hauptprogramm

        b1 += b2;   wird abgearbeitet als: b1.**operator**+= (b2);

Überladen des „+"-Operators

Die Ersetzung der *sum()*-Funktion durch eine Operatorfunktion ist dagegen nicht als Elementfunktion möglich, da sie zu viele Parameter besitzt (zwei). Wollten wir sie als klassenexterne globale Funktion anlegen, ergeben sich neue Probleme: die Funktion kann nicht auf die privaten Datenelemente der Klasse zugreifen!

Dieses Problem wird durch die Möglichkeit gelöst, klassenexterne Funktionen als *„friend"* zu deklarieren:

```
// friend Funktion zu binbyte
binbyte operator+(const binbyte &byte1, const binbyte &byte2)
{
        binbyte hilf;
        hilf.decwert = byte1.decwert + byte2.decwert;
        hilf.dec_to_string();
        return hilf;
}
```

Diese Funktion erlaubt es, auch verkettete Additionen im Hauptprogramm vorzunehmen, z. B.:

```
. . . . . . . . . .
class binbyte b1,b2,b3,b4;
. . . . . . . . . .
b4 = b2 + b1 + b3;
```

Die Abarbeitung dieses Ausdrucks verläuft über die folgenden Schritte:

1. b2+b1   1.Aufruf der Operatorfunktion: Erzeugung des Objektes „hilf"; Erzeugung eines temporären Objekts <bb1> vom Typ binbyte; Zwischenspeicherung des Ergebnisses darin; Löschung des Objekts „hilf"

2. <bb1> + b3 2.Aufruf der Operatorfunktion: Erzeugung des Objekes; „hilf"-Erzeugung eines weiteren temporären Objekts <bb2> zur Speicherung der Summe; Löschung von <bb1>; Löschung des Objektes „hilf"

3. Zuweisung von <bb2> an b3; Löschung von <bb2>.

Die nachfolgende Programmversion mit den Operatorfunktionen erzeugt die gleiche Ausgabe wie oben:

■ **Programmbeispiel: Binär-Byte Version 2**

```
// BSP_9_7_2
#include <iostream>
#include <cstdio>
#include <conio.h> // für _getch()
using namespace std;
```

```cpp
class binbyte
{
    public:
        binbyte();                      //Konstruktor
        void input_byte();
        char* get_byte()
        { return _string; }
        int get_decwert()
        { return decwert; }
//      void add_byte(const binbyte &ein_byte);
//      void sum(const binbyte &byte1, const binbyte &byte2);
        void operator+=(const binbyte &ein_byte);
        friend binbyte operator+(  const binbyte &byte1,
                                   const binbyte &byte2);

    private:
        char _string[9];
        int decwert;
        void string_to_dec();
        void dec_to_string();
};
// Klassenmethoden
binbyte::binbyte()                      //Konstruktor
{
    strcpy_s(_string, "00000000"); decwert = 0;
}
void binbyte::input_byte()
{
    int i = 0;
    unsigned char c;
    do
    {
        c = _getch();      // Linux: getchar()
        if((c == '0')||(c == '1'))
        {
            cout << (c - '0'); // Echo für den Benutzer
            string[i] = c;
            i++;
        }
        _string[8] = '\0';    // erzeugten String abschließen
    }
    while(i<8);
    cout << endl;
    string_to_dec();
}
void binbyte::string_to_dec()
{
```

```
        decwert = 0;
        for(int i = 0; i < 8; i++)
            decwert = decwert * 2 + (_string[i] - '0');
}
void binbyte::dec_to_string()
{
    int teiler = 128, wert = decwert;
    for(int i = 0; i < 8; i++)
    {
        _string[i] = '0' + wert / teiler;
        wert = wert % teiler;
        teiler = teiler / 2;
    }
    _string[8] = '\0';   // ordentlich abschließen
}
void binbyte::operator+=(const binbyte &ein_byte)
{
    decwert = (decwert + ein_byte.decwert) % 256;
    dec_to_string();
}
// globale Funktion
binbyte operator+(const binbyte &byte1, const binbyte &byte2)
{
    binbyte hilf;
    hilf.decwert = (byte1.decwert + byte2.decwert) % 256;
    hilf.dec_to_string();
    return hilf;
}
//-------------------------------------------------
int main(void)
{
    class binbyte b1, b2, b3;
    cout << "b3: " << b1.get_byte() << endl;
    cout << endl << "Eingabe b1: ";
    b1.input_byte();
    cout << endl << "Eingabe b2: ";
    b2.input_byte();
    cout << "Es wurde eingegeben:" << endl;
    cout << "b1: " << b1.get_byte()
         << "  Dezimalwert: " << b1.get_decwert() << endl
         << "b2: " << b2.get_byte()
         << "  Dezimalwert: " << b2.get_decwert() << endl
         << endl;
    cout << "b2 zu b1 addieren:" << endl;
    // b1.add_byte(b2);  ersetzt durch
    b1 += b2;
```

```
cout << "b1: " << b1.get_byte()
     << "  Dezimalwert: " << b1.get_decwert() << endl
     << "b2: " << b2.get_byte()
     << "  Dezimalwert: " << b2.get_decwert() << endl
     << endl;
cout << "Die Summe von b1 und b2 ist:" << endl;
// b3.sum(b2, b1);    ersetzt durch
b3 = b2 + b1;
cout << "b3: " << b3.get_byte()
     << "  Dezimalwert: " << b3.get_decwert() << endl
     << endl;
b3 = b1;
cout << "b3 = b1:" << endl;
cout << "b3: " << b3.get_byte()
     << "  Dezimalwert: " << b3.get_decwert() << endl;
return 0;
}
```

■

Die stream-Operatoren „>>" und „<<" für die Ein- und Ausgabe

Aus der Sicht eines C++-Programms besteht die Ein- und Ausgabe aus zwei Strömen, dem Ein- und Ausgabestrom. Standardmäßig sind die Ströme mit der Tastatur und dem Bildschirm verbunden. Mit einer Anweisung wie etwa

```
cout << a << b << c;
```

werden die Daten von a, b und c in den Ausgabestrom cout eingefügt. Ebenso lässt sich mit *cin* >> ein Eingabestrom erzeugen. Dabei erweisen sich die Operatoren „<<" und „>>" als sehr anpassungsfähig, da sie mit Zahlen, Strings oder Einzelzeichen arbeiten können, d. h. sie erkennen automatisch den Datentyp.

cin und *cout* sind keine C++-Befehle, sondern vordefinierte Objekte der Klassen *istream* und *ostream*. Beide Klassen sind in der Headerdatei *iostream* definiert, die von uns fast immer eingebunden wurde. Darin sind u. a. die folgenden Objekte festgelegt:

```
ostream cout;      // Standardausgabe
ostream cerr;      // Standardfehlerausgabe
ostream clog;      // gepufferte Standardfehlerausgabe
istream cin;       // Standardeingabe
```

Eine Operation mit dem Objekt *cout* ist z. B. das Einfügen einer String-Konstanten in den Ausgabestrom. Anstelle eines Methodenaufrufs der Form cout.xxx(...) werden Operatorfunktionen benutzt. Die unterschiedliche Arbeitsweise der Operatoren „<<" und „>>" ergeben sich durch Operatorüberladungen je nach Typ der übergebenen Parameter. Die Klasse *ostream* enthält somit sinngemäß die Deklarationen:

```
ostream    &operator<<(char *cc);
ostream    &operator<<(char  c);
ostream    &operator<<(int i);
ostream    &operator<<(float f);
```

```
// ...usw
```
Entsprechend enthält die Klasse *istream* die Deklarationen:
```
istream   &operator>>(char *cc);
istream   &operator>>(char &c);
istream   &operator>>(int &i);
istream   &operator>>(float &f);
// ...usw
```

Die **return**-Werte der Operatorfunktionen sind Referenzen auf *istream* bzw. *ostream*. Dadurch wird eine Verkettung bei den Ein-/Ausgabeströmen erreicht. Eine Anweisung der Art

```
cout << a << b << c;
```

wird also abgearbeitet wie

```
((cout.operator << (a)).operator << (b)).operator << (c);
```

Überladen der Operatoren „>>" und „>>" für selbstdefinierte Objekte

Die in den Klassen *istream* und *ostream* bereitstehenden Operatorüberladungen beziehen sich nur auf die C++-Standarddatentypen und natürlich nicht auf benutzerdefinierte Objekte. Um in unserer oben erstellten Programm Objekte vom Typ *binbyte* in der geläufigen Syntax

```
cout << b1;    bzw.    cin >> b2;
```

schreiben zu können, müssen wir entsprechende Operatorfunktionen selber definieren.

Zunächst zur Ausgabe:

Wie wir ja wissen, bestimmen die Operanden den Operationsablauf (z. B. **float**-Addition bei einem Ausdruck 3 + 6.8). Bei der hier gewünschten Form

```
cout << b1;
```

stammen beiden Operanden des Operators „<<" aus zwei verschiedenen Klassen, *cout* ist ein Objekt der Klasse *ostream*, *b1* ist ein Objekt der Klasse *binbyte*. Der **return**-Wert unserer Funktion muss analog zu unseren obigen Überlegungen eine Referenz auf den Typ *ostream* sein, damit eine Verkettung bei der Ausgabe möglich ist. Folglich muss die Operatorfunktion folgenden Aufbau haben:

```
ostream &operator<< (ostream &aus, binbyte &ein_byte)
{
     aus << ein_byte._string;
     return aus;
}
```

Die Funktion greift auf die **private** Datenelemente des Objektes *ein_byte* zu, so dass es naheliegt, diese Funktion als Elementfunktion der Klasse *binbyte* anzulegen. Dies ist aber wegen der Anzahl der Funktionsparameter nicht möglich (zwei Parameter sind nicht erlaubt bei Operatorfunktionen, s. o.). Somit bleibt nur die Möglichkeit, sie klassenextern global zu deklarieren und innerhalb der Klasse *binbyte* als **friend** bekannt zu machen. (auf *private* Elemente der Klasse *ostream* wird zum Glück nicht zugegriffen!)

Analoge Überlegungen führen zu der *friend*-Funktion für die Eingabe:

```
istream &operator>> ( istream &in, binbyte &ein_byte)
{
    .........
    < Anweisungen aus der Methode  input_byte() >
    .........
    return in;
}
```

Nachdem wir die Methoden *input_byte()*, *get_byte()*, *add_byte()* und *sum()* durch die neuen Operatorfunktionen ersetzt haben, erhalten wir nun für unser Programm:

■ **Programmbeispiel: Binär-Byte Version 3**

```
// BSP_9_7_3
#include <iostream>
#include <cstdio>
#include <conio.h> // für _getch()
using namespace std;
class binbyte
{
    public:
        binbyte();                          //Konstruktor
        int get_decwert()
        {   return decwert; }
        void operator+=(const binbyte &ein_byte);
        friend binbyte operator+(const binbyte &byte1,
                                 const binbyte &byte2);
        friend ostream &operator<<(ostream &aus,
                                   binbyte &ein_byte);
        friend istream &operator>>(istream &in,
                                   binbyte &ein_byte);
    private:
        char _string[9];
        int decwert;
        void string_to_dec();
        void dec_to_string();
};
// Klassenmethoden
binbyte::binbyte()                          //Konstruktor
{
    strcpy_s(_string, "00000000");
    decwert = 0;
```

```
}
void binbyte::string_to_dec()
{
    decwert = 0;
    for(int i = 0; i < 8; i++)
        decwert = decwert * 2 + (_string[i] - '0');
}
void binbyte::dec_to_string()
{
    int teiler = 128,wert = decwert;
    for(int i = 0; i < 8; i++)
    {
        _string[i] = '0'+ wert/teiler;
        wert = wert % teiler;
        teiler = teiler / 2;
    }
    _string[8] = '\0';   // ordentlich abschliessen
}
void binbyte::operator+=(const binbyte &ein_byte)
{
    decwert = (decwert + ein_byte.decwert) % 256;
    dec_to_string();
}
// globale Funktion
binbyte operator+(const binbyte &byte1, const binbyte &byte2)
{
    binbyte hilf;
    hilf.decwert = (byte1.decwert + byte2.decwert) % 256;
    hilf.dec_to_string();
    return hilf;
}
ostream &operator<<(ostream &aus, binbyte &ein_byte)
{
    aus << ein_byte._string;
    return aus;
}
istream &operator>>(istream &in, binbyte &ein_byte)
{
    int i = 0;
    unsigned char c;
    do
    {
      c = _getch();     // Linux: getchar()
      if((c == '0')||(c == '1'))
      {
          cout << (c - '0'); // Echo für den Benutzer
          ein_byte._string[i] = c;
```

```
            i++;
        }
    }
    while(i < 8);
    ein_byte._string[8] = '\0'; // ordentlich abschliessen
    cout << endl;
    ein_byte.string_to_dec();
    return in;
}

//-----------------------------------------------------
int main(void)
{
    class binbyte b1, b2, b3, b4;
    cout << endl << "Eingabe b1, b2, b3: "<<endl;
    cin >> b1 >> b2 >> b3;
    cout << "Es wurde eingegeben:" << endl
        << "b1: " << b1
        << "  Dezimalwert: " << b1.get_decwert() << endl
        << "b2: " << b2
        << "  Dezimalwert: " << b2.get_decwert() << endl
        << "b3: " << b3
        << "  Dezimalwert: " << b3.get_decwert() << endl
        << endl;
    cout << "b2 zu b1 addieren:" << endl;
    b1 += b2;
    cout << "b1: " << b1
        << "  Dezimalwert: " << b1.get_decwert() << endl
        << "b2: " << b2
        << "  Dezimalwert: " << b2.get_decwert() << endl
        << endl;
    cout << " b4 = b1 + b2 + b3 :" << endl
        << b1 <<"+"<< b2 <<"+"<< b3 << endl;
    b4 = b1 + b2 + b3;
    cout << "b4: " << b4
        << "  Dezimalwert: " << b4.get_decwert() << endl
        << endl;
    return 0;
}
```

Dialog:

```
Eingabe b1,b2,b3:
00100100
01000011
00011001
Es wurde eingegeben:
```

```
b1: 00100100   Dezimalwert: 36
b2: 01000011   Dezimalwert: 67
b3: 00011001   Dezimalwert: 25
b2 zu b1 addieren:
b1: 01100111   Dezimalwert: 103
b2: 01000011   Dezimalwert: 67
b4 = b1 + b2 + b3 :
01100111+01000011+00011001
b4: 11000011   Dezimalwert: 195
```
■

9.8 Der this-Zeiger

Jedes erzeugte Objekt einer Klasse besitzt neben seiner Datenstruktur einen unsichtbaren
Zeiger auf sich selbst, den sog. **this**-Zeiger. Über das Schlüsselwort **this** lässt sich innerhalb
einer Elementfunktion das eigene Objekt ansprechen, z. B.

```
class demo
{
    public:
        <Datenelemente>
        <Elementfunktionen>
        ......
        void zeige_this()
        {   cout << this;     }

        ........
};
```

Werden im Hauptprogramm mit *class demo d1, d2, d3;* Objekte der Klasse angelegt, so
kann man sich die unterschiedlichen Zeiger (Adressen) für die Objekte anzeigen lassen:

```
d1.zeige_this();   // Adresse 1.Objekt
d2.zeige_this();   // Adresse 2.Objekt
d3.zeige_this();   // Adresse 3.Objekt
```

Dies erscheint zunächst wenig sinnvoll, da man sich ja die Adressen der Objekte auch mit
dem Adressoperator hätte besorgen können (sofern diese Information überhaupt interes-
siert), z. B.:

```
cout << &d1;     usw.
```

Im folgenden Fall lässt sich der *this*-Zeiger dagegen gut nutzen: Eine Elementfunktion
übernehme ein oder mehrere Objekte der gleichen Klasse als Parameter und liefere nach
gewissen Auswahlkriterien ein Objekt als *return*-Wert zurück. Das zurückgelieferte Objekt
kann auch das der aufrufenden Instanz sein:

```
demo waehle_aus(demo dd1)   // Elementfunktion
{
    if (..........)
```

```
        return dd1;              // Objekt zurück
   else
        return *this;            // aufrufendes Objekt zurueck
   }
```

Hier ist zu beachten, dass *this* nicht der Zeiger auf das Objekt, sondern das Objekt selber ist

(analog zu *p = 3, wenn p ein Zeiger auf **int** ist).

Der *this*-**Zeiger**

Jedes erzeugte Objekt besitzt einen nicht sichtbaren Zeiger this auf sich selbst.

this :   Zeiger auf das aktuelle Objekt
*this :   das aktuelle Objekt selber

Das folgende Programmbeispiel verdeutlicht dies:

■ **Programmbeispiel: this-demo**

```
// BSP_9_8_1
#include <iostream>
using namespace std;
class punkt
{
   public:
        punkt(float px, float py);        //Konstruktor
        punkt() {}                        //Konstruktor
        void verschiebe(float delta_x, float delta_y);
        void print_punkt();
        void objektzeiger()
             {cout << this; }
        punkt max_vektor(const punkt pp);
   private:
        float x, y;
};
inline punkt::punkt(float px, float py)
{
   x = px;
   y = py;
}
inline void punkt::verschiebe(float delta_x, float delta_y)
{
   x = x + delta_x;
   y = y + delta_y;
}
inline void punkt::print_punkt()
{
```

```
        cout << "Punkt(" << x << "," << y << ")" << endl;
}
inline punkt punkt::max_vektor(const punkt pp)
{
    if ((pp.x * pp.x + pp.y * pp.y) > (x * x + y * y))
        return pp;
    else
        return *this;
}
int main(void)
{
    class punkt p1(3, 4), p2(-3, 8), p3;
    p1.print_punkt();
    p2.print_punkt();
    cout << endl << "Objektadressen:" << endl
         << &p1 << "    "          //Adressoperator
         << &p2 << endl;
    p1.objektzeiger();
    cout << "    ";
    p2.objektzeiger();
    cout << endl;
    p3 = p1.max_vektor(p2);
    cout << endl
         << "Laengeren Ortsvektor hat : ";
    p3.print_punkt();
    cout << "Punkt1 wird verlegt nach: ";
    p1.verschiebe(5, 7);
    p1.print_punkt();
    p3 = p1.max_vektor(p2);
    cout << endl
         << "Laengeren Ortsvektor hat nun : ";
    p3.print_punkt();
    return 0;
}
```

Programmausgabe:

```
Punkt(3,4)
Punkt(-3,8)

Objektadressen:
0012FF84    0012FF7C
0012FF84    0012FF7C

Laengeren Ortsvektor hat: Punkt(-3,8)
Punkt1 wird verlegt nach: Punkt(8,11)

Laengeren Ortsvektor hat nun: Punkt(8,11)
```

Die Rückgabe eines Objektes macht eine Verkettung von Elementfunktionen möglich. Statt der Anweisungen

```
p3 = p1.max_vektor(p2);
p3.print_punkt();
```

Hätte man auch kürzer schreiben können

```
p1.max_vektor(p2).print_punkt();
```

9.9 Übergabe von Objekten an Funktionen

Wir haben in den vorangegangenen Beispielen bereits häufig Objekte an Klassenmethoden übergeben. Hier wollen wir noch einmal die Möglichkeiten grundsätzlich zusammenfassen:

	Objekte als Funktionsparemeter		
Übergabetechnik		**Beispiel**	**Bemerkungen**
	Rufendes Modul	Prototyp	
1) „by value"	f1(p);	`<typ> f1 (democlass q);` .... `q.<element >`	hohe Stackbelastung, Änderungen gehen verloren. **Nicht zu empfehlen!**
2) „by reference"	f2(p);	`<typ> f2 (democlass &q);` .... `q.<element>` – oder –	Standardfall, geringe Stackbelastung, Änderungen bleiben erhalten
		`<typ> f2(const democlass &q);` .... `q.<element>`	Ersatz für „by value", geringe Stackbelastung Parameter nicht verändert
3) „by address"	f3(&p);	`<typ> f3 (democlass *q);` .... `q → <element>`	Pointer-Technik, geringe Stackbelastung, Änderungen bleiben erhalten

Um die unterschiedlichen Übergabemöglichkeiten zu demonstrieren, benutzen wir eine Modifikation unserer Klasse punkt:

■ **Programmbeispiel: Objekte als Parameter in Funktionen**

```
Klasse punkt:
// Datei punkt.h
#include <iostream>
using namespace std;
class punkt
{
    public:
        punkt() {}                          // Konstruktor
```

```
        punkt(float px, float py);    // Konstruktor
        void verschiebe(float delta_x, float delta_y);
        void print_punkt();
        void setze_punkt(float px, float py);
    private:
        float x, y;
};
inline punkt::punkt(float px, float py)
{
    x = px;
    y = py;
}
inline void punkt::verschiebe(float delta_x, float delta_y)
{
    x = x + delta_x;
    y = y + delta_y;
}
inline void punkt::print_punkt()
{
    cout << " Koordinate x: " << x
         << "   y: " << y << endl;
}
inline void punkt::setze_punkt(float px, float py)
{
    x = px;
    y = py;
}
//globale Funktionen
void input_val(punkt pp1, punkt pp2);
void input_ref(punkt &pp1, punkt &pp2);
void input_adr(punkt *pp1, punkt *pp2);
```

Das Hauptprogramm bindet die Klasse mit der entsprechenden include-Anweisung ein:

```
// BSP_9_9_1
// Datei uebergabe.cpp
#include <iostream>
#include "punkt.h" // im aktuellen Verzeichnis
using namespace std;
int main(void)
{
    class punkt p1, p2;
    cout << "Uebergabe by value:" << endl;
    input_val(p1, p2);
```

```
    p1.print_punkt();
    p2.print_punkt();
    cout << "Uebergabe by reference:" << endl;
    input_ref(p1, p2);
    p1.print_punkt();
    p2.print_punkt();
    cout << "Uebergabe by address:" << endl;
    input_adr(&p1, &p2);
    p1.print_punkt();
    p2.print_punkt();
    return 0;
}
void input_val(punkt pp1, punkt pp2)
{
    pp1.setze_punkt(-2.5, 9.5);
    pp2.setze_punkt(4.8, 3.4);
}
void input_ref(punkt &pp1, punkt &pp2)
{
    pp1.setze_punkt(-2.5, 9.5);
    pp2.setze_punkt(4.8, 3.4);
}
void input_adr(punkt *pp1, punkt *pp2)
{
    pp1->verschiebe(10.0, 20.0);
    pp2->setze_punkt(-10.0, -20.0);
}
```

Ausgabe:

```
Uebergabe by value:
 Koordinate x: 6.10318e-39  y: 1.4013e-45
 Koordinate x: 6.05581e-39  y: 6.00505e-39
Uebergabe by reference:
 Koordinate x: -2.5  y: 9.5
 Koordinate x: 4.8  y: 3.4
Uebergabe by address:
 Koordinate x: 7.5  y: 29.5
 Koordinate x: -10  y: -20
```

Sollen Objekte an das aufrufende Modul als *return*-Wert zurückgegeben werden, haben wir die folgenden Möglichkeiten:

Objekte als return-Wert			
	Beispiel		
Funktionstyp	Funktion	return-Anweisung	Bemerkungen
1) Objekt:	democlass g1(....)	**return** p_obj;	
2) Referenz auf Objekt:	democlass &g2(....)	**return** p_obj;	Achtung! Rückgabe einer Referenz auf **lokales** Objekt nicht möglich!
3) Zeiger auf Objekt:	democlass *g3(....)	**return** p_point;	Zeiger auf eine existierende Datenstruktur des rufenden Moduls

Für ein Programmbeispiel nutzen wir wieder die oben erstellte Klasse *punkt*:

■ **Programmbeispiel: Objekte als return-Wert**

```
// BSP_9_9_2
#include <iostream>
#include "punkt.h" // im aktuellen Verzeichnis
using namespace std;
punkt hole_obj();
punkt &hole_ref(punkt &q);
punkt *hole_poin(punkt &q);
int main(void)
{
    class punkt p1, p2, *p3;
    cout << "Rueckgabe: Objekt:" << endl;
    p1 = hole_obj();
    p1.print_punkt();
    cout << "Rueckgabe: Referenz auf Objekt:" << endl;
    p2 = hole_ref(p1);
    p2.print_punkt();
    p1.print_punkt();
    cout << "Rueckgabe: Zeiger auf Objekt:" << endl;
    p3 = hole_poin(p1);
    p3->print_punkt();
    p1.print_punkt();
    return 0;
}
punkt hole_obj()
{
    class punkt pp(3.4, 2.1);
    return pp;
```

```
}
punkt &hole_ref(punkt &q)
{
    q.verschiebe(11.1, 55.5);
    return q;
}
punkt *hole_poin(punkt &q)
{
    class punkt *pp;
    pp = &q;                          // Adresszuordnung
    pp->setze_punkt(9.9, 2.2);
    return  pp;
}
```

Ausgabe:
```
Rueckgabe: Objekt:
  Koordinate x: 3.4  y: 2.1
Rueckgabe: Referenz auf Objekt:
  Koordinate x: 14.5  y: 57.6
  Koordinate x: 14.5  y: 57.6
Rueckgabe: Zeiger auf Objekt:
  Koordinate x: 9.9  y: 2.2
  Koordinate x: 9.9  y: 2.2
```

Man beachte in diesem Beispiel, dass bei den Funktionsaufrufen *hole_ref(p1)* und *hole_poin(p1)* auch die Argumente verändert zurückgegeben werden!

Im Funktionsprototyp *punkt &hole_ref(punkt &q)* muss der Parameter als Referenz übergeben werden, weil sonst versucht wird, nach Beendigung der Funktion eine Referenz auf eine nicht mehr existierende Datenstruktur zurückzuliefern.

9.10 Dynamischer Speicher und Klassen

„Dynamischer Speicher" unterstützt die Forderung der OOP, Entscheidungen während der Laufzeit zu treffen. Dynamische Objekte werden im Heap abgelegt. Das Programm entscheidet während der Laufzeit und nicht während der Kompilation, wieviel Speicher allokiert wird. Damit man den Speicherbedarf dynamisch kontrollieren kann, arbeitet C++ mit den Operatoren *new* und *delete*, die wir schon in Kapitel 7.2 kennengelernt haben. Der Einsatz von dynamischem Speicher in einer Klasse ist jedoch etwas komplizierter und wird im folgenden Abschnitt näher behandelt. Grundlage hierfür ist eine Klasse *random_f10*, die wir zunächst vorstellen:

■ **Programmbeispiel:** Die Klasse random_f10

```cpp
// dyn.h
#include <iostream>
#include <iomanip>
#include <ctime>
using namespace std;
class random_f10
{
    public:
        random_f10();                            //Konstruktor
        random_f10(int start, int ende); //Konstruktor
        void gen_f(int s, int e);
        void print_f();
        // weitere Elementfunktionen ...
        // ... int max(); int min(); void sortiere();
        ~random_f10();
    private:
        int f[10];
        static int obj_counter;
        static bool erstlauf;
        void tausche(int &a, int &b);
};
random_f10::random_f10()
{
    obj_counter++;
    cout << "*1*Konstruktoraufruf: Es leben nun "
         << obj_counter << " Objekte" << endl;
}
random_f10::random_f10(int start, int ende)
{
    gen_f(start, ende);
    obj_counter++;
    cout << "*2*Konstruktoraufruf: Es leben nun "
         << obj_counter << " Objekte" << endl;
}
void random_f10::gen_f(int s,int e)
{
    if(erstlauf) srand(time(NULL));
        erstlauf = false;
    if(s > e) tausche(s, e);
        for(int i = 0; i < 10; i++)
            f[i] = rand()%(e - s + 1)+ s;
}
void random_f10::print_f()
{
    for(int i = 0; i < 10; i++)
```

```
        cout << setw(5) << f[i];
    cout << endl;
}
random_f10::~random_f10()
{
    obj_counter--;
    cout  << "###Destruktoraufruf: Es leben nun "
          << obj_counter << " Objekte" << endl;
}
void random_f10::tausche(int &a, int &b)
{
    int tmp;
    tmp = a;
    a = b;
    b = tmp;
}
// initialisieren statischer Variablen
int random_f10::obj_counter = 0; // klassenextern ...
bool random_f10::erstlauf = true; // ...initialisieren     ■
```

Objekte der Klasse sind Integer-Felder der Dimension 10. Die Feldelemente können mit Zufallszahlen aus einem vorgegebenen Bereich beschrieben und ausgegeben werden.

Static Elemente

Neu ist in diesem Beispiel der Einsatz von statischen Elementen, die durch das Schlüsselwort *static* gekennzeichnet werden. Das Programm legt nur *ein einziges* Element einer statischen Klassenvariablen an, unabhängig von der Anzahl der Objekte, die erzeugt werden. Alle Objekte haben aber Zugriff auf die Variable und können sie, wie im Beispiel gezeigt, verändern. Ein *static*-Klassenelement eignet sich für Werte, die nur innerhalb einer Klasse bekannt und in allen Klassenobjekten gleich sein sollten. Initialisierungen von statischen Elementen müssen außerhalb der Klassendefinition stattfinden, hier:

```
int random_f10::obj_counter = 0; //Zahl der erzeugten Objekte
```

```
bool random_f10::erstlauf = true; //wichtig für srand()
```

Das liegt daran, dass die Klassendefinition nur eine Schablone ist und selbst keinen Speicher reserviert. Die statische Variable *obj_counter* wird im Beispiel dazu verwendet, die Anzahl der erzeugten Objekte zu verwalten. Aktualisiert wird die Anzahl durch die Anweisung *obj_counter++* in den beiden Konstruktoren und *obj_counter--* im Destruktor, die diesen Wert jeweils zu Kontrollzwecken ausgeben. Die statische Variable *erstlauf* arbeitet als Merker und verhindert, dass die Initialisierung mit *srand()* mehrfach ausgeführt wird.

Dynamische Speicherbelegung einzelner Objekte

Um die dynamische Speicherung voll auszunutzen, müssen die mit *new* angelegten Objekte mit *delete* wieder freigegeben werden, damit neue Objekte Platz finden. *delete* ruft den Destruktor auf. Im nachfolgenden Beispiel werden Konstruktor- und Destruktoraufrufe ausgegeben. Es ist die Klasse *random_f10* eingebunden:

■ **Programmbeispiel:** Dynamische Speicherung einzelner Objekte

```
// BSP_9_10_1
#include <iostream>
#include <cstdio>
#include <iomanip>
#include "dyn.h"
using namespace std;
//------------------------------------------------------
int main(void)
{
    {
        class random_f10 feld1(0, 100);
        class random_f10 *feld2;
        feld1.print_f();
        feld2 = new random_f10;
        feld2->gen_f(9, 9);     //Zugriff ueber Zeiger
        feld2->print_f();
        delete feld2;
        class random_f10 * feld3 = new random_f10 (20, 30);
        feld3->print_f();
        delete feld3;
    }
    getchar();
    return 0;
}
```

Ausgabe:

```
*2*Konstruktoraufruf: Es leben nun 1 Objekte
    19   27   99   93   50   64   58   80   80   65
*1*Konstruktoraufruf: Es leben nun 2 Objekte
     9    9    9    9    9    9    9    9    9    9
###Destruktoraufruf: Es leben nun 1 Objekte
*2*Konstruktoraufruf: Es leben nun 2 Objekte
    25   27   21   27   30   24   22   25   30   20
###Destruktoraufruf: Es leben nun 1 Objekte

###Destruktoraufruf: Es leben nun 0 Objekte                              ■
```

Dynamische Speicherung von Objekt-Feldern

Erst bei der Speicherung größerer Objekte oder bei Objekt-Feldern kommt die dynamische Reservierung von Speicher mit *new* und *delete* voll zur Geltung. Die Allokierung erfolgt mit:

```
class <classname> <feldname> = new <classname>[<dimension>];
```

die Freigabe mit:

delete [] <feldname>;

Im Gegensatz zu statisch angelegten Feldern kann hier erst zur Laufzeit die Felddimension festgelegt werden. Es empfiehlt sich der Einsatz eines parameterlosen Konstruktors, da man normalerweise unterschiedliche Objekte anlegen möchte. Im nachfolgenden Beispiel wird die Felddimension erst zur Laufzeit interaktiv abgefragt.

■ **Programmbeispiel:** Dynamische Speicherung von ObjektFeldern

```cpp
// BSP_9_10_2
#include <iostream>
#include <cstdio>
#include <iomanip>
#include "dyn.h"
using namespace std;
//-----------------------------------------------------
int main(void)
{
    int anzahl;
    cout << "Anzahl 10-Felder: ";
    cin >> anzahl;
    class random_f10 * ff = new random_f10[anzahl];
    for(int j = 0; j < anzahl; j++)
        ff[j].gen_f(-j, + j);   // (ff + j)->gen(-j, + j);
    for(int j = anzahl - 1; j >= 0; j--)
        ff[j].print_f(); // (ff + j)->print_f();
    delete[] ff;

    getchar();
    return 0;
}
```

```
Dialog:
Anzahl 10-Felder: 4
*1*Konstruktoraufruf: Es leben nun 1 Objekte
*1*Konstruktoraufruf: Es leben nun 2 Objekte
*1*Konstruktoraufruf: Es leben nun 3 Objekte
*1*Konstruktoraufruf: Es leben nun 4 Objekte
 0   -2    3    1   -2    1   -3    3   -2   -1
-1   -2    1   -1    1    0    0   -1   -2    2
 1    1   -1   -1   -1    0    1    0    1   -1
 0    0    0    0    0    0    0    0    0    0
###Destruktoraufruf: Es leben nun 3 Objekte
###Destruktoraufruf: Es leben nun 2 Objekte
###Destruktoraufruf: Es leben nun 1 Objekte
###Destruktoraufruf: Es leben nun 0 Objekte
```

■

9.11 Vererbung

Die Wiederverwendbarkeit von Code als ein Grundprinzip der OOP wird durch die Vererbung von Klassen unterstützt. Unter „Vererbung" versteht man die Ableitung neuer Klassen von einer vorhandenen „Basisklasse". Dabei „vererbt" die Basisklasse ihre Eigenschaften an die neue abgeleitete Klasse zusätzlich zu den in der abgeleiteten Klasse neu definierten Elementen. Abgeleitete Klassen stellen daher eine Spezialisierung der Basisklasse dar.

Basisklasse	←	abgeleitete Klasse
allgemein		*speziell*
z. B.:	Basisklasse:	`class` fahrzeug
	abgeleitete Klassen:	`class` flugzeug
		`class` auto
		`class` zug

Der Zugriff von einer abgeleiteten Klasse auf Elemente ihrer Basisklasse richtet sich nach den Zugriffsmodifizierern. Die „harten" Einstellungen *public* und *private* werden bezüglich der Vererbung um einen dritten Mofifizierer *protected* ergänzt. Um abgeleiteten Klassen einen Zugriff auf „nicht öffentliche" Elemente zu gewähren, deklariert man diese Elemente als *protected*. Damit bleibt der Zugriffsschutz von außerhalb der beteiligten Klassen gewahrt:

Zugriffsschutz bei Klassenelementen			
	Zugriff von:		
Modifizierer	eigene Klasse	abgeleitete Klasse	von außerhalb
private	ja	nein	nein
protected	ja	ja	nein
public	ja	ja	ja

Nun stellt sich zusätzlich noch die Frage, welchen Schutz die vererbten Elemente von der Basisklasse, die ja nun von der abgeleiteten angeboten werden, nach außen besitzen. Dieser gesamte „Durchgriff" auf die Basisklasse wird mit einem zweiten globalen Zugriffsfilter gesteuert, den man beim Anlegen der abgeleiteten Klasse mit angibt. Die Deklaration einer abgeleiteten Klasse lautet:

class <abgeleitete Klasse>:<globaler Zugriffsfilter auf Basisklasse> <Basisklasse>

z. B.:   **class** kind : **public** mutter

Dieser Filter besteht wiederum aus den drei Schlüsselworten *public, protected* oder *private* und gestattet eine weitere Zugriffsrestriktion.

Zusammenwirken von Vererbungsfilter und Element-Zugriffsmodifizierer			
		Zugriffsmodifizierer in Basisklasse	
Vererbungsfilter	private	protected	public
private	private	private	private
protected	private	protected	protected
public	private	protected	public

In der Praxis benutzt man meistens den *public*-Filter, der die Element-Zugriffe nicht weiter einschränkt.

Nachfolgend sehen wir ein einfaches Beispiel für Vererbung.

■ **Programmbeispiel: Einfach-Vererbung**

```
// Bsp_9_11_1
#include <iostream>
#include <cstdio>
using namespace std;

class rechner    // Basisklasse
{
  public:
  rechner() {}  // Standardkonstruktor
  void eingabe();
  void ausgabe();
  void setze_name(char *r_name);
  protected:
  char name[12];
  char ptyp[10];
  int ram;
  int festplatte;
  float frequenz;
};

class netzrechner: public rechner    // abgeleitet
{
  public:
  netzrechner() {}
  netzrechner(char *rechnername, char *prozessor, int speicher,
  int platte, float takt);
  netzrechner(char *rechnername, char *prozessor,
  int speicher, int platte, float takt,
  int ip_adr1, int ip_adr2, int ip_adr3,
  int ip_adr4);
  void setze_ip(int ip_adr1, int ip_adr2,
  int ip_adr3, int ip_adr4);
```

```
  void print_ip();
  private:
  int ip1,ip2,ip3,ip4;
};

void rechner::eingabe()
{
  cout << "** Eingabe **" << endl;
  cout << "Rechnername: ";
  cin >> name;
  cout << "Prozessor: ";
  cin >> ptyp;
  cout << "Speicher [GB]: ";
  cin >> ram;
  cout << "Festplatte [GB]: ";
  cin >> festplatte;
  cout << "Frequenz [GHz]: ";
  cin >> frequenz;
}

void rechner::setze_name(char *r_name)
{
  strcpy_s(name,r_name);
}

void rechner::ausgabe()
{
  cout << "  Rechnername: " << name << endl
       << "  Prozessor: " << ptyp << endl
       << "  Speicher [GB]: " << ram << endl
       << "  Festplatte [GB]: " << festplatte << endl
       << "  Frequenz [GHz]:" << frequenz << endl;
}

//Konstruktoren:
netzrechner::netzrechner( char *rechnername,char *prozessor,
    int speicher,int platte, float takt)
{
  strcpy_s(name,rechnername);
  strcpy_s(ptyp,prozessor);
  ram = speicher;
  festplatte = platte;
  frequenz = takt;
}
```

```
netzrechner::netzrechner(char *rechnername,char *prozessor,
   int speicher,int platte, float takt,
   int ip_adr1, int ip_adr2,int ip_adr3,
   int ip_adr4)
{
   strcpy_s(name,rechnername);
   strcpy_s(ptyp,prozessor);
   ram = speicher;
   festplatte = platte;
   frequenz = takt;
   ip1 = ip_adr1;
   ip1 = ip_adr1;
   ip2 = ip_adr2;
   ip3 = ip_adr3;
   ip4 = ip_adr4;
}

void netzrechner::setze_ip(int ip_adr1, int ip_adr2,
   int ip_adr3, int ip_adr4)
{
   ip1 = ip_adr1;
   ip2 = ip_adr2;
   ip3 = ip_adr3;
   ip4 = ip_adr4;
}

void netzrechner::print_ip()
{
   cout << "  IP-Netzwerkadresse: "
        << ip1 << "." << ip2 << "."
        << ip3 << "." << ip4 << endl;
}
//-----------------------------------------------------
int main( )
{
   class rechner pc1;
   class netzrechner serv1;
   class netzrechner serv2("Server 2","Intel",
      16,2000,3.33f,192,168,101,56);
   class netzrechner workstation("Pluto","AMD",
      8,1000,2.41f);
   pc1.eingabe();
   serv1 = workstation;
   serv1.setze_name("UNIX Server");
   serv1.setze_ip(192,168,30,12);
   workstation.setze_ip(192,168,45,17);
   cout << endl
```

```
        << " Es gibt die folgenden Rechner: " << endl;
    pc1.ausgabe();
    cout << endl;
    serv1.ausgabe();
    serv1.print_ip();
    cout << endl;
    serv2.ausgabe();
    serv2.print_ip();
    cout << endl;
    workstation.ausgabe();
    workstation.print_ip();// evtl. getchar(); getchar();
    return 0;
}
```

Programmdialog:
```
** Eingabe **
Rechnername: Jupiter
Prozessor: Intel
Speicher [GB]: 4
Festplatte [GB]: 500
Frequenz [GHz]: 1.5

Es gibt die folgenden Rechner:
Rechnername:            Jupiter
  Prozessor:            AMD
  Speicher [GB]:        4
  Festplatte [GB]:      500
  Frequenz [GHz]:       1.5
Rechnername:            UNIX Server
  Prozessor:            AMD
  Speicher [GB]:        8
  Festplatte [GB]:      1000
  Frequenz [GHz]:       2.41
  IP-Netzwerkadresse: 192.168.30.12

Rechnername:            Server2
  Prozessor:            Intel
  Speicher [GB]:        16
  Festplatte [GB]:      2000
  Frequenz [GHz]:       3.33
  IP-Netzwerkadresse: 192.168.101.56

Rechnername:            Pluto
  Prozessor:            AMD
  Speicher [GB]:        8
  Festplatte [GB]:      1000
  Frequenz [GHz]:       2.41
  IP-Netzwerkadresse: 192.168.45.17
```

C++ erlaubt die Mehrfachvererbung von Klassen und damit den Aufbau von mächtigen Klassenhierarchien. Der C++-Compiler verfügt selber über eine große Anzahl von Klassenhierarchien, von denen hier beispielhaft, und ohne näher darauf einzugehen, ein Auszug der *streams*-Klassen angeführt wird (← steht für „abgeleitet von"):

$$
\begin{array}{llll}
\text{ios\_base} \leftarrow & \text{ios} \leftarrow & \text{ostream} \leftarrow & \text{ostringstream} \\
& & \leftarrow & \text{ofstream} \\
& & & \leftarrow \text{iostream} \quad \leftarrow \text{stringstream} \\
& & & \qquad\qquad\quad \leftarrow \text{fstream} \\
& & \leftarrow \text{istream} \leftarrow & \text{istringstream} \\
& & & \leftarrow \text{ifstream}
\end{array}
$$

9.12 Schrittweise Entwicklung eines einfachen OOP-Projektes

Um die grundlegenden Lehrinhalte des vorliegenden Kapitels zu festigen, entwickeln wir im Folgenden Schritt für Schritt eine einfache Klasse *TIME* mit Methoden zur Ein- und Ausgabe von *TIME*-Variablen und zur Addition von Zeiten.

9.12.1 Definition einer Klasse „TIME"

Das nachstehende Beispiel 1 demonstriert die Grundlagen der objektorientierten Programmierung am Beispiel der selbst definierten Klasse *TIME*. Sie besteht aus den **private**-Variablen *hh*, *mm* und *ss* für die Zeitkomponenten Stunden, Minuten und Sekunden sowie den **public**-Methoden *read_time()*, *write_time()* und *add_time()*. Eine kleine *main()*-Funktion testet die Methoden, indem sie zwei Zeiten einliest, diese addiert und das Ergebnis ausgibt. Zu diesem Zweck werden zu Beginn drei *TIME*-Variablen deklariert.

```
//-------------------------------------------------------------
// BSP_9_12_1_1
// Beispiel 1
// Implementierung der Klasse TIME (Grundversion)
#include <iostream>
#include <cstdio>
using namespace std;
class TIME // Klassendefinition
{
  public:
    void read_time() // Eingabemethode
    {
      cout << "Stunden  [hh] >";
      cin >> hh;
      cout << "Minuten  [mm] >";
      cin >> mm;
      cout << "Sekunden [ss] >";
      cin >> ss;
    }
```

```cpp
  void write_time() // Ausgabemethode
  {
    cout << hh << ":" << mm << ":" << ss << endl;
  }
  void add_time(TIME t1, TIME t2) // Additionsmethode
  {
    int sec1, sec2, sec3;
    sec1 = t1.hh * 3600 + t1.mm * 60 + t1.ss;
    sec2 = t2.hh * 3600 + t2.mm * 60 + t2.ss;
    sec3 = sec1 + sec2;
    hh = sec3 / 3600;
    sec3 = sec3 % 3600;
    mm = sec3 / 60;
    ss = sec3 % 60;
  }

private:
    int hh, mm, ss;
};
//-------------------------------------------------
int main(void)
{
  class TIME t1, t2, t3; // Deklaration von Objekten
  t1.read_time();
  cout << endl;
  t2.read_time();
  cout << endl;
  t3.add_time(t1, t2);
  t3.write_time();
  // getchar(); // ggf. verwenden, um sofortiges Schließen
  //              // der Konsole zu verhindern
  return 0;
}
```

9.12.2 Definition der Methoden außerhalb der Klassendefinition

Im Beispiel 2 erfolgt die Definition der Methoden im Unterschied zu Beispiel 1 mit Hilfe des *::-Operators* außerhalb der Klassendefinition. Damit wird der Quelltext etwas übersichtlicher

```cpp
//-------------------------------------------------------
// BSP_9_12_2_1
// Beispiel 2
// Definition der Klassen-Methoden ausserhalb der Klassen-
// Definition
#include <iostream>
#include <cstdio>
```

```cpp
using namespace std;
class TIME
{
  public:
      void read_time();
      void write_time();
      void add_time(TIME t1, TIME t2);


  private:
      int hh, mm, ss;
};
//-----------------------------------------------------
int main(void)
{
  class TIME t1, t2, t3;
  t1.read_time();
  cout << endl;
  t2.read_time();
  cout << endl;
  t3.add_time(t1, t2);
  t3.write_time();
  // getchar();  // ggf. verwenden, um sofortiges Schließen
                 // der Konsole zu verhindern
  return 0;
}
//-----------------------------------------------------
void TIME::read_time()
{
  cout << "Stunden  [hh] >";
  cin >> hh;
  cout << "Minuten  [mm] >";
  cin >> mm;
  cout << "Sekunden [ss] >";
  cin >> ss;
}
//-----------------------------------------------------
void TIME::write_time()
{
  cout << hh << ":" << mm << ":" << ss;
}
//-----------------------------------------------------
void TIME::add_time(TIME t1, TIME t2)
{
  int sec1, sec2, sec3;
```

```
    sec1 = t1.hh * 3600 + t1.mm * 60 + t1.ss;
    sec2 = t2.hh * 3600 + t2.mm * 60 + t2.ss;
    sec3 = sec1 + sec2;
    hh = sec3 / 3600;
    sec3 = sec3 % 3600;
    mm = sec3 / 60;
    ss = sec3 % 60;
}
```

9.12.3 Konstruktoren und die Überladung des +-Operators

Zur Erleichterung des Progammtests fügen wir zwei Konstruktoren bei: Einer, der bei der Deklaration der beiden *TIME*-Variablen *t1* und *t2* Standardwerte vorgibt sowie ein Default-Konstruktor, der bei der Erzeugung von *t3* aufgerufen wird. Um das sichtbar zu machen, gibt er einen entsprechenden Text aus. Die Additionsfunktion überladen wir mit dem +-Operator. Die Überladefunktion kann nicht Klassenmethode sein, weil sie mehr als einen Übergabeparameter benötigt. Damit sie als globale Funktion dennoch Zugriff auf die *private*-Variablen erhält, bekommt sie den *friend*-Status.

```
//-------------------------------------------------------
// BSP_9_12_3_1
// Beispiel 3
// mit Verwendung von Konstruktoren
// +-Operator-Ueberladung als friend-Funktion
#include <iostream>
#include <cstdio>
using namespace std;
class TIME
{
  public:
    TIME()
    { cout << "Ich bin der Default-Konstruktor" << endl; }
    TIME(int _hh, int _mm, int _ss)  // Ein weiterer
    { hh = _hh; mm = _mm; ss = _ss; } // Konstruktor
    void read_time();
    void write_time();
    //void add_time(TIME t1, TIME t2); "alte" Methode
    friend TIME operator+(TIME t1, TIME t2);
    // "friend" weil die Operatorfunktion 2 Parameter hat
  private:
    int hh, mm, ss;
};
//--------------------------------------------------
int main(void)
{
  class TIME t1(6, 31, 59), t2(13, 56, 47), t3;
```

```cpp
  char janein;
  cout << "Defaultwerte? [j/n] >";
  cin >> janein;
  if(janein == 'n')
  {
    t1.read_time();
    cout << endl;
    t2.read_time();
    cout << endl;
  }
  //t3.add_time(t1, t2); "alte" Methode
  t3 = t1 + t2;
  t3.write_time();
  // getchar();
  return 0;
}

//-----------------------------------------------------
void TIME::read_time()
{
  cout << "Stunden [hh]  >";
  cin >> hh;
  cout << "Minuten [mm]  >";
  cin >> mm;
  cout << "Sekunden [ss] >";
  cin >> ss;
}

//-----------------------------------------------------
void TIME::write_time()
{
  cout << hh << ":" << mm << ":" << ss;
}

//-----------------------------------------------------
TIME operator+ (TIME t1, TIME t2)
{
  TIME tsum;
  int sec1, sec2, sec3;
  sec1 = t1.hh * 3600 + t1.mm * 60 + t1.ss;
  sec2 = t2.hh * 3600 + t2.mm * 60 + t2.ss;
  sec3 = sec1 + sec2;
  tsum.hh = sec3 / 3600;
  sec3 = sec3 % 3600;
  tsum.mm = sec3 / 60;
  tsum.ss = sec3 % 60;
  return tsum;
}
```

9.12.4 Zusätzliche Überladung für Ein- und Ausgaben

Das Kapitel 9.7 beschreibt ausführlich die Überladung der Operatoren << und >> für selbstdefinierte Objekte. Die praktische Anwendung ist einfach, da sie immer dem gleichen Schema folgt. Die auf diese Weise überladenen Operatoren können auch kaskadiert verwendet werden, z. B. *cout << a << b << c << endl.* Dabei können *a, b* und *c* Variablen von unterschiedlichen Standard-Datentypen oder selbstdefinierte Objekte sein. Wegen der zwei übergebenen Parameter, Referenz auf *ostream* bzw. *istream* und selbstdefiniertes Objekt (hier von der Klasse *TIME*), handelt es sich immer um **friend**-Funktionen. Die Überladung aller Methoden führt zu einer äußerst benutzerfreundlichen Verwendung, wie unsere Test-*main()*-Funktion beweist.

```
//--------------------------------------------------------
// BSP_9_12_4_1
// Beispiel 4
// ohne selbstdefinierte Konstruktoren
// mit Operatorueberladung (+, >> und <<) fuer alle Methoden
#include <iostream>
#include <cstdio>
using namespace std;
class TIME
{
  public:
      //void read_time(); // "alte" Methoden
      //void write_time();
      //void add_time(TIME t1, TIME t2);
      friend istream &operator>>(istream &in, TIME &t);
      friend ostream &operator<<(ostream &out, TIME &t);
      friend TIME operator+(TIME t1, TIME t2);

  private:
      int hh, mm, ss;
};

//---------------------------------------------------
int main(void)
{
  class TIME t1, t2, t3;
  cin >> t1;
  cout << endl;
  cin >> t2;
  cout << endl;
  t3 = t1 + t2;
  cout << t3 << endl;
  // getchar();
  return 0;
}
```

```
//----------------------------------------------------
istream &operator>>(istream &in, TIME &t)
{
  cout << "Stunden [hh]  >";
  in >> t.hh;
  cout << "Minuten [mm]  >";
  in >> t.mm;
  cout << "Sekunden [ss] >";
  in >> t.ss;
  return in;
}

//----------------------------------------------------
ostream &operator<<(ostream &out, TIME &t)
{
  out << t.hh << ":" << t.mm << ":" << t.ss;
  return out;
}

//----------------------------------------------------
TIME operator+(TIME t1, TIME t2)
{
  TIME tsum;
  int sec1, sec2, sec3;
  sec1 = t1.hh * 3600 + t1.mm * 60 + t1.ss;
  sec2 = t2.hh * 3600 + t2.mm * 60 + t2.ss;
  sec3 = sec1 + sec2;
  tsum.hh = sec3 / 3600;
  sec3 = sec3 % 3600;
  tsum.mm = sec3 / 60;
  tsum.ss = sec3 % 60;
  return tsum;
}
```

Das letzte Beispiel verwendet statt des überladenen Operators + die Operatoren += und ++. Die Operator-Überladefunktion für += benötigt nur einen Übergabeparameter, die für den unären Operator ++ gar keinen. Damit können beide als Klassenmethoden (und nicht als **friend**-Funktionen) definiert werden.

```
//------------------------------------------------------------
// BSP_9_12_4_2
// Beispiel 5:
// Mit Operatorueberladung (alternative Version)
#include <iostream>
#include <cstdio>
using namespace std;
class TIME
{
  public:
```

```cpp
        friend istream &operator>>(istream &in, TIME &t);
        friend ostream &operator<<(ostream &out, TIME &t);
        void operator+=(TIME t); // nur ein Parameter
        void operator++();       // unitaerer Operator
   private:
        int hh, mm, ss;
};
//---------------------------------------------------
int main(void)
{
   class TIME t1, t2;
   cin >> t1;
   cout << endl;
   cin >> t2;
   cout << endl;
   t1 += t2;
   cout << t1 << endl;
   t1++;
   cout << t1 << endl;
   // getchar();
   return 0;
}

//---------------------------------------------------
istream &operator>>(istream &in, TIME &t)
{
   cout << "Stunden [hh]  >";
   in >> t.hh;
   cout << "Minuten [mm]  >";
   in >> t.mm;
   cout << "Sekunden [ss] >";
   in >> t.ss;
   return in;
}
//---------------------------------------------------
ostream &operator<<(ostream &out, TIME &t)
{
   out << t.hh << ":" << t.mm << ":" << t.ss;
   return out;
}

//---------------------------------------------------

void TIME::operator+=(TIME t)
{
   int sec1, sec2;
   sec1 = hh * 3600 + mm * 60 + ss;
```

```
  sec2 = t.hh * 3600 + t.mm * 60 + t.ss;
  sec1 = sec1 + sec2;
  hh = sec1 / 3600;
  sec1 = sec1 % 3600;
  mm = sec1 / 60;
  ss = sec1 % 60;
}

//---------------------------------------------------
void TIME::operator++()
{
  int sec1;
  sec1 = hh * 3600 + mm * 60 + ss;
  sec1 = sec1 + 1;
  hh = sec1 / 3600;
  sec1 = sec1 % 3600;
  mm = sec1 / 60;
  ss = sec1 % 60;
}
```

9.13 Abschlussbemerkungen

Aufgrund der zahlreichen Sprachmittel von C++ zur Objektorientierung konnten wir in dem vorliegenden Kapitel nur eine Einführung in die OOP leisten. Es dürfte aber klar geworden sein, dass mit den Klassen der Horizont weiter geworden ist. Gewachsen ist aber auch der Aufwand. Das C-Motto „short is beautiful" scheint vergessen, die Sprache ist „geschwätziger" geworden. Bei vielen kleineren Problemen im technischen Bereich ist der Verzicht auf Objektorientierung durchaus erlaubt. OOP lohnt sich aber in jedem Fall bei sehr großen Projekten, insbesondere dann, wenn mehrere Personen daran mitarbeiten. Die Tatsache, dass man Daten und Funktionen als *private* oder *public* erklären kann, schafft klare Abgrenzungen und Schnittstellen.

Sehr nützlich sind auch die vorgefertigten Klassen der C++-Standardbibliothek (Standard Template Library, STL), auf die wir hier nicht näher eingehen.

Möchte man mit grafischen Benutzerschnittstellen (GUI) unter Windows-Betriebssystemen arbeiten, kommt man auch bei kleinen Projekten nicht um die OOP herum, denn nun ist der Ablauf nicht länger prozedural sondern ereignisgesteuert (durch Anklicken von Schaltflächen durch den Benutzer). Die API-Schnittstelle (Application Programming Interface) des Betriebssystems Windows ermöglicht den Zugriff auf graphische Elemente wie Fenster, Schaltflächen und Menüs, die als vorgefertigte Objekte mit Eigenschaften wie Größe und Farbe vorliegen. Man nutzt jedoch meist die einfacher zu handhabende „drag&drop"-RAD-Entwicklungsumgebung (RAD = Rapid Application Development) seines Compilers. Diese ist aber nicht standardisiert und zwischen verschiedenen Compilern nicht portabel, oft nicht einmal zwischen verschiedenen Versionen des gleichen Compilers. Abhilfe vom Problem mangelnder Kompatibilität ermöglicht die Programmiersprache Java von Sun, die eine grafische Programmentwicklung, unabhängig von Hardware und Betriebssystem, bietet.

Java-Programme werden in eine „allgemeinverständliche" Zwischensprache übersetzt, die von dem jeweiligen Zielcomputer interpretiert werden. Java ist C++-ähnlich und ist bei entsprechenden Vorkenntnissen relativ leicht erlernbar.

9.14 Aufgaben

1) Ergänzen Sie die Klasse *binbyte* von Kap. 9.7 durch die Methoden:

   *bit_set(**int** bitposition);*   setze an Bitposition *bitposition* eine „1" im Byte;

   *bit_del(**int** bitposition);*   lösche an Bitposition *bitposition* eine „0" im Byte;

   *bit_invert(**int** bitposition);*   invertiere Bitposition *bitposition* im Byte;

   Führen Sie Operatorfunktionen ein für Vergleiche von zwei Byte (> < <= >=).

   Schreiben Sie eine kurze Anwendung, um die Methoden zu testen.

2) Entwerfen Sie eine Klasse *zeit*, die die Tageszeit als Objekt enthält. Die Zeit soll in unterschiedlichen Formaten ein- und ausgegeben werden können, z. B.: „16:30h" oder „16h 30min".

   Stellen Sie Methoden bereit, mit denen eine Zeitspanne hinzuaddiert bzw. abgezogen werden kann und eine Zeitdifferenz berechnet wird.

   Machen Sie nur diejenigen Elemente ***public***, auf die das Hauptprogramm unbedingt Zugriff haben muss.

3) Warum ist es nicht möglich, einen Operator „**" zum Potenzieren von Integer-Zahlen einzuführen? (2 Gründe!)

4) Verändern Sie die Klasse *binbyte* (Kap.9.7) derart, dass alle Konstruktor- und Destruktoraufrufe sichtbar werden. Erklären Sie alle auftretenden Aufrufe. Führen Sie einen statischen Objektzähler ein.

5) Entwerfen Sie eine Klasse *compl* zum Arbeiten mit komplexen Zahlen. Überladen Sie die Operatoren

   „+", „–", „*" und „/".

6) Was geschieht, wenn innerhalb eines Destruktors ein Konstruktor aufgerufen wird? Schreiben Sie dazu ein kleines Testprogramm.

7) Definieren Sie eine Klasse *automobil* („**auto**" ist Schlüsselwort und darf nicht benutzt werden!). Die Klasse soll den Namen der Automarke, den momentanen Ort (x-Koordinate) und Geschwindigkeit als **private** Datenelemente enthalten. Die Klasse soll einen parametrisierten Konstruktor enthalten, der Automarke und Ort initialisiert und die übrigen Klassendaten auf 0 setzt. Es soll Methoden geben zum Beschleunigen (Geschwindigkeit um einen übergebenen Betrag erhöhen) und Ausgeben aller Daten eines

Autos. Außerdem soll eine Methode „**void** fahre(**double** t)" definiert werden, die bewirkt, dass das Auto sich für die angegebene Zeit t weiterbewegt. Simulieren Sie damit zwei Autos. Das erste bewegt sich mit konstanter Geschwindigkeit (z. B. 30 m/s), das zweite startet mit einer tieferen Geschwindigkeit (z. B. 20 m/s) und beschleunigt dann jede Sekunde um einen bestimmten Betrag (z. B. 2 m/s). Zunächst soll angenommen werden, dass beide Autos bei x = 0 starten. Finden Sie experimentell heraus, wann (Zeit und Ort) das zweite Auto das erste einholt bzw. überholt hat. Erweiterung: Erweitern Sie die Klasse „automobil" um den Tankinhalt (zusätzliches Datenelement). Definieren Sie eine Methode zum Tanken. Das Auto darf sich nur fortbewegen, wenn der Tank nicht leer ist! Ferner soll beim Fahren Benzin verbraucht werden (zur Vereinfachung soll 7.0 Liter/100 km für beide Autos angenommen werden). Lassen Sie ein Objekt so lange fahren, bis der Tank leer ist. Geben Sie diese Zeit aus.

Anhang

Anhang A: ASCII-Tabelle

ASCII-Tabelle (0–127 sowie erweitert 128–255)

Hex-code 2. / 1.	0	1	2	3	4	5	6	7	8	9	A	B	C	D	E	F
0	NUL 0	SOH 1	STX 2	EXT 3	EOT 4	ENQ 5	ACK 6	BEL 7	BS 8	HT 9	LF 10	VT 11	FF 12	CR 13	SO 14	SI 15
1	DLE 16	DC1 17	DC2 18	DC3 19	DC4 20	NAK 21	SYN 22	ETB 23	CAN 24	EM 25	SUB 26	ESC 27	FS 28	GS 29	RS 30	US 31
2	32	! 33	" 34	# 35	$ 36	% 37	& 38	' 39	(40	) 41	* 42	+ 43	, 44	– 45	. 46	/ 47
3	0 48	1 49	2 50	3 51	4 52	5 53	6 54	7 55	8 56	9 57	: 58	; 59	< 60	= 61	> 62	? 63
4	@ 64	A 65	B 66	C 67	D 68	E 69	F 70	G 71	H 72	I 73	J 74	K 75	L 76	M 77	N 78	O 79
5	P 80	Q 81	R 82	S 83	T 84	U 85	V 86	W 87	X 88	Y 89	Z 90	[91	\ 92	] 93	^ 94	_ 95
6	` 96	a 97	b 98	c 99	d 100	e 101	f 102	g 103	h 104	i 105	j 106	k 107	l 108	m 109	n 110	o 111
7	p 112	q 113	r 114	s 115	t 116	u 117	v 118	w 119	x 120	y 121	z 122	{ 123	| 124	} 125	~ 126	■ 127
8	Ç 128	ü 129	é 130	â 131	ä 132	à 133	å 134	ç 135	ê 136	ë 137	è 138	ï 139	î 140	ì 141	Ä 142	Å 143
9	É 144	æ 145	Æ 146	ô 147	ö 148	ò 149	û 150	ù 151	ÿ 152	Ö 153	Ü 154	¢ 155	£ 156	& 157	● 158	ƒ 159
A	á 160	í 161	ó 162	ú 163	ñ 164	Ñ 165	ª 166	° 167	¿ 168	⌐ 169	¬ 170	½ 171	¼ 172	¡ 173	« 174	» 175
B	176	░ 177	▒ 178	│ 179	┤ 180	╡ 181	╢ 182	╖ 183	╕ 184	╣ 185	║ 186	╗ 187	╝ 188	╜ 189	╛ 190	┐ 191
C	└ 192	┴ 193	┬ 194	├ 195	─ 196	┼ 197	╞ 198	╟ 199	╚ 200	╔ 201	╩ 202	╦ 203	╠ 204	= 205	╬ 206	╧ 207
D	╨ 208	╤ 209	╥ 210	╙ 211	╘ 212	╒ 213	╓ 214	╫ 215	╪ 216	┘ 217	┌ 218	■ 219	■ 220	▌ 221	▐ 222	■ 223
E	α 224	ß 225	Γ 226	π 227	Σ 228	σ 229	µ 230	τ 231	Φ 232	Θ 233	Ω 234	δ 235	∞ 236	φ 237	ε 238	∩ 239
F	≡ 240	± 241	≥ 242	≤ 243	⌠ 244	⌡ 245	÷ 246	≈ 247	° 248	∙ 249	· 250	√ 251	ⁿ 252	² 253	■ 254	255

Anhang B: Häufige Fehler

1)

...

a = b + c // *Semikolon vergessen*

cout << a << endl;

2)

while(a != b); // *irrtümlich Semikolon hinter **while**-Anweisung (oder **for** oder **if**)*

{

  ...

  ...

}

3)

do

{

  ...

  ...

}

while(a <= b) // *Semikolon hinter **do**...**while** vergessen*

4)

while(a = b) // *Zuweisungsoperator "=" statt Gleichheitsoperator "==" verwendet*

5)

int fahrzeug, moped;

...

Fahrzeug = moped / 7; // *Variable "fahrzeug" groß geschrieben,*

                    // *in der Deklaration aber klein*

6)

int summe, i, a[100];

...

for(i = 0; i <= 100; i++)   // *Indexbereich ueberschritten, letztes Element ist a[99] !*

    summe = summe + a[i];

7)

double x, y, *pd;

...

x= 4.1;

y = 7.18;

*pd = y;   // *formal korrekt aber die Pointervariable pd ist noch uninitialisiert*

               // *(zeigt irgendwo hin)*

pd = x;   // *Wert zu Pointer ist verboten, richtig: pd = &x*

8)

class TIME

{

  public:

    void read_time();

    void write_time();

    void add_time(TIME t1, TIME t2);

  private:

    int hh, mm, ss;

} // *hier wurde das abschließende Semikolon vergessen, richtig:* };

9)

Falls Ihre Ein/Ausgaben über ein Konsolenfenster erfolgt, das sich nach Programmende automatisch schließt:

Sie können das sofortige Schließen verhindern, damit Sie die letzte Ausgebe auch sehen können. Dies erreichen Sie am besten mit der Anweisung getchar() (ggf. zweimal).

Anhang C: Compiler

Zur Lösung der Aufgaben benötigen Sie einen C++-Compiler. Das kann ein kommerzieller oder ein im Internet frei verfügbarer sein. Unter dem Betriebssystem UNIX/Linux gehört ein C-Compiler zu den Standard-Dienstprogrammen, unter Windows muss man ihn sich auf jeden Fall erst besorgen. Man unterscheidet Kommandozeilen-Compiler und Compiler mit integrierter Entwicklungsumgebung (IDE). Letztere bieten einen eigenen Editor zur Eingabe des Quelltextes sowie alle Funktionen zum Übersetzen, Debuggen und Verwalten der Programme „auf Knopfdruck", während sich ein Kommandozeilen-Compiler auf die Grundfunktionen beschränkt und vom Benutzer weiter reichende Kenntnisse im Umgang mit dem Betriebssystem verlangt. Dafür ist letzterer häufig schneller und effizienter.

Beispiele für weit verbreitete Compiler

Microsoft Visual C++: Compiler mit IDE, erlaubt Konsolen- und grafische Anwendungen. Dazu bietet er spezielle Entwicklungs-Werkzeuge. Er ist Marktführer unter Windows, wird häufig zur Schulung eingesetzt. Nur für das Betriebssystem Windows. Auch als Bestandteil von *Microsoft Visual Studio Express 2010* und *2017 Community* erhältlich und kostenlos (mit Registrierung) „downloadbar". Für die Beispiele in diesem Buch verwendeten wir diesen Compiler mit der Option „Leeres CLR-Projekt". Benutzeranleitungen finden Sie auf unserer Buchwebseite (s. Vorwort).

C++ Builder: Compiler mit IDE, erlaubt Konsolen- und grafische Anwendungen. Dazu bietet er spezielle Entwicklungs-Werkzeuge. Sehr weit verbreitet, wird häufig zur Schulung eingesetzt. Früher von der Firma *Borland* vertrieben, heute von *Embarcadero* Für die Betriebssysteme Windows und Linux. Starteredition kostenlos zum Download verfügbar.

Intel C/C++ (ICC): Kommandozeilencompiler für hoch effizienten Code. Für die Betriebssysteme Windows und Linux.

g++: Nornalerweise Kommandozeilen-Compiler für *Unix* und *Linux*. Ist Bestandteil von GCC. Unter *Linux* (KDevelop) und *Windows* (Dev-C++) auch mit IDE verfügbar. Für die Betriebssysteme *Unix*, *Linux*, *Windows* und *Mac OS X*.

Orwell Dev-C++: Siehe g++. Besonders bei Studenten beliebter kostenlos (per Download) erhältlicher Compiler.

Bei Konsolenanwendungen kann es je nach verwendetem Compiler oder Betriebssystem Probleme beim Schließen der Konsole geben. Manche Compiler halten die Konsole von sich aus offen bis der Benutzer sie explizit schließt. Bei den meisten jedoch schließt sich die Konsole unmittelbar nach Beendigung des Programms. Dies ist häufig nicht gewünscht, weil dann sofort alle Ausgaben verschwinden. Dies kann durch das Standardmakro *getchar()* (*#include <cstdio>*) in der Regel verhindert werden. Erst die Betätigung der <Enter>-Taste führt dann zur Beendigung des Programms und damit zum Schließen der Konsole. Sollte Ihr Compiler Probleme mit *getchar()* haben, können Sie es alternaiv aber nicht Standard gemäß mit *_getch()* (*#include <conio.h>*) oder auch mit dem Systemaufruf *system("Pause")* (*#include <cstdlib>*) versuchen.

Allgemein lassen sich mit *system()* Betriebssystem-Kommandos aus einem C-Programm heraus absetzen.

Sachwortverzeichnis

Printed in the United States
By Bookmasters